分析化学实验

（第2版）

郭明星　于航　/　编

大连海事大学出版社
DALIAN MARITIME UNIVERSITY PRESS

图书在版编目(CIP)数据

分析化学实验 / 郭明星, 于航编. — 2 版. — 大连 : 大连海事大学出版社, 2024. 11. — ISBN 978-7-5632-4612-0

Ⅰ. ①O652. 1

中国国家版本馆 CIP 数据核字第 2024PN3826 号

大连海事大学出版社出版

地址:大连市黄浦路523号 邮编:116026 电话:0411-84729665(营销部) 84729480(总编室)

http://press. dlmu. edu. cn　E-mail:dmupress@ dlmu. edu. cn

大连金华光彩色印刷有限公司印装　　大连海事大学出版社发行

2014 年 6 月第 1 版　2024 年 11 月第 2 版　2024 年 11 月第 1 次印刷

幅面尺寸:184 mm×260 mm　印张:9. 25　字数:226 千

出版人:刘明凯

责任编辑:董玉洁　责任校对:王　琴

封面设计:解瑶瑶　版式设计:解瑶瑶

ISBN 978-7-5632-4612-0　定价:23. 00 元

第 2 版前言

自 2014 年出版以来,《分析化学实验》教材广受师生好评。10 年来,科学技术日新月异,教育理念持续更新,实验教材也应与时俱进。党的二十大报告提出“推进教育数字化,建设全民终身学习的学习型社会、学习型大国”,这为《分析化学实验》教材指明了改革方向。在充分收集读者反馈和深入研讨后,编者对《分析化学实验》进行了全面的修订,旨在强化实验内容的创新性和实用性,同时引入数字化手段赋能实验教学。

相较于第 1 版教材,第 2 版教材在以下方面进行了改进。(1)强调安全意识。更新和拓展了化学实验的安全知识内容,培养学生的安全操作意识和提升自我保护能力,为后续实验的安全进行和规范操作奠定坚实基础。(2)强化“量”的概念。在定量分析中,强调了精确测量和规范记录的重要性,帮助学生养成严谨的数据处理习惯,从而确保实验结果的精确性和可信度。(3)构建“虚实结合”的实验教学内容体系。结合学科的最新进展和实验教学的需求,增加了虚拟仿真实验内容,部分实验采取了虚拟现实与实际操作相结合的教学模式。这不仅使实验教学更加贴近实际应用场景,还增添了实验的趣味性和挑战性。(4)结合微视频演示。将虚拟仿真实验的规范操作流程以微视频形式加入教材中,使虚拟仿真实验操作过程的表达更形象,强化了学生对实验难点的理解和掌握。(5)引入创新性实验。本教材不仅注重基础技能训练,还通过引入基于视觉的酸碱滴定创新性实验,提升学生的实践创新能力和综合素质。

本教材包括 21 个基础性实验、3 个虚拟仿真实验,以及 1 个基于可视化技术的自动滴定实验,可供教师和学生根据实验室实际条件和专业要求不同选择使用。

参加本教材编写的有:郭明星(第一章、第二章,第三章中的实验一至实验六,第四章实验一),于航(第三章实验七至实验二十一,第四章实验二、三及附录)。全书由郭明星、于航共同整理定稿。

在此,特别感谢第 1 版教材的编者和读者们,正是他们的辛勤工作和宝贵反馈,为教材的再版提供了方向和动力。同时,期望再版的《分析化学实验》教材能为高等院校的化学、化工、环境科学与工程等相关专业提供更好的服务,为学生的全面发展提供坚实的支撑。书中纰漏之处,恳请读者予以批评和指正。

编　者

2024 年 6 月

第 1 版前言

本书的编写目的是为普通高等院校的化学、化工、环境科学与工程等学科及相关专业的学生提供一本实用性较强、以化学定量分析实验为主的实验教材。本书的编写宗旨是让学生掌握常量组分的定量分析的基本理论、分析方法和操作技能，建立并加强“量”的概念，正确地使用相关仪器设备，正确地记录和处理实验数据，准确地表达实验结果及结论，养成严谨、实事求是的科学研究态度，提高学生综合运用知识技能、合理分析问题和独立解决问题的能力。

编者结合多年的分析化学教学经验，借鉴并汲取前人的成果，编写本书，主要精选了一些基础实验和应用实验。基础实验主要是理论验证性实验，注重学生在基础知识和常量分析方面的基本技能训练；应用实验则是将分析理论应用到实际样品的实验，注重学生灵活运用已经掌握的分析方法及独立动手能力的培养。

本书包括定量分析实验 25 个，可供教师和学生根据实验室实际条件和专业要求不同选择使用。

参加本书编写的有：郭明星（第一、二章，第三章中的实验三至实验二十五等 23 个实验内容及附录），于颖（第三章中的实验一、二等 2 个实验内容）。全书由郭明星整理定稿。

由于编者水平有限，恳请采用本书的教师和学生就书中错误和不足之处提出批评和建议。

编　者

2014 年 3 月

目 录

第一章 分析化学实验基本知识

第一节 分析化学实验的要求

分析化学实验是与分析化学理论紧密结合的一门独立的实验课程。学生通过本课程的学习，可以加深对分析化学基础理论和基本知识的理解，掌握正确的分析技能和规范化的基本操作，充分运用所学的理论知识指导实验；培养手脑并用的能力和统筹安排的能力，在动手和动脑的过程中提高自己分析、观察和解决问题的能力，培养严谨细致的工作作风和实事求是的科学态度，树立严格的“量”的概念；通过综合设计性实验，培养综合能力，如信息、资料的收集与整理，数据的记录与分析，问题的提出与证明，观点的表达与讨论等。树立敢于质疑、勇于探究的意识，学习通过多种渠道获取相关化学知识，创造性地解决现实生活中的实际问题，并为后续课程和未来从事科学研究及实际工作打下良好的基础，从而在知识、能力和素养方面得到全面的训练和培养，便于将来尽快适应社会的需要。

为了使学生在知识、能力和素养三方面都得到提高，要求学生在分析化学实验课中必须做到以下几点：

(1)实验前认真预习，结合分析化学理论知识，领会实验原理，了解实验步骤和注意事项，探寻影响实验结果的关键环节，做到心中有数。实验前一定要做好预习笔记，画好必要的表格，充分利用本书附录，查好有关数据，以便在实验中快速、准确地记录实验数据、观察现象并进行数据处理。课前必须认真预习，未预习者不得进行实验。

(2)在进入实验室时，认真阅读实验室的各项规章制度。了解消防设施和安全通道的位置。树立环境保护的意识，尽量降低化学物质(特别是有毒、有害物品)的消耗。

(3)做实验时，必须遵守实验室的各项规章制度，注意保持室内安静，要严格按照规范进行操作，仔细观察实验现象，并及时做好记录。要善于思考，学会运用所学的理论知识解释实验现象，研究实验中的问题。实验过程中要保持水池、实验台台面和实验室地面的整洁。

(4)所有的实验数据，尤其是各种测量的原始数据，必须随时记录在专用的、预先编好页码的实验记录本上。不得记录在其他任何地方，不得无故涂改原始实验数据。要认真写好实验报告。实验报告一般包括实验名称、日期、实验目的、简单原理、实验仪器与试剂、实验方法、实验结果(一定要列出计算公式)和问题与讨论。上述各项内容的繁简，应根据每个实验的具体情况而定，以清楚、简明、整齐为原则。实验报告中的有些内容，如原理、表格、计算公式等，要求在预习实验时准备好，其他内容则可在实验过程中以及实验完成后记录、计算和撰写。

（5）实验结束，要马上清洗自己使用过的玻璃仪器，清理实验台台面，并把自己使用过的仪器、药品整理归位，及时打扫实验室卫生，关好气、水、电的开关和门窗。要注意爱护仪器和公共设施，养成良好的实验习惯。

学生的实验成绩应根据以下内容进行评定：预习情况及实验态度，实验操作技能，实验报告的撰写是否认真并符合要求，实验结果的精密度、准确度和有效数字的表达等。特别需要强调的是实事求是的态度、严谨创新的精神与动手能力的培养，严禁弄虚作假，伪造数据。

要做好分析化学实验，不仅要有较强的动手能力，还要有较高的获取信息的能力，在实验中应运用理论课中学到的知识，积累操作经验，总结失败教训。实验时不仅要动手，更要动脑，要把自己观察到的现象及时记录下来，为发现新物质、合成新材料做准备。只有做个有心人，才能为今后的学习和工作打下坚实的基础。

第二节　实验数据记录、处理及实验报告的撰写

一、实验数据记录

每个学生要有专用的实验记录本及实验报告本，自始至终要保证实验记录本及实验报告本的完整性，尤其不要随意撕页。在实验中所产生的数据均应记录在实验记录本上。本科生实验中，实验记录本可以和实验报告本共用。涉及重复性的实验时，实验记录本最好与实验报告本分开使用。

实验过程中，及时将发生的现象、实验状态及各种测量数据准确地记录下来。记录实验数据时一定要严谨、实事求是，绝不能编造和伪造数据。

实验中测量数据时，要记录到所用仪器最小刻度的下一位（正确选择有效数字的位数）。

文字记录要整齐，简洁明了。数据记录最好用列表法，保证其清晰、一目了然。如有数据错误的地方，不要乱涂、乱抹，应用横线或斜划线将其划掉，并在旁边写上正确数据。

通常在分析化学实验中做平行实验 3 次。实验结束后，仔细复核数据并告知指导教师后方可离开。

二、实验数据处理

常用的处理数据表示法包括以下几种：

算术平均值：$\bar{x} = \dfrac{\sum_{i=1}^{n} x_i}{n}$。

绝对偏差：$d_i = x_i - \bar{x}$。

相对偏差：$d_r = \dfrac{d_i}{\bar{x}}$。

平均偏差：$\bar{d}=\frac{\sum_{i=1}^{n}|d_i|}{n}$。

相对平均偏差：$\bar{d}_r=\frac{\bar{d}}{\bar{x}}\times 100\%$。

标准偏差：$s=\sqrt{\frac{\sum_{i=1}^{n}d_i^2}{n-1}}$。

相对标准偏差：$RSD=\frac{s}{\bar{x}}\times 100\%$。

三、实验报告

实验结束后，在实验报告本上要认真及时地书写实验报告。通常一个化学实验报告主要包括以下内容：实验目的，实验原理，实验仪器与试剂，实验步骤，实验数据和结果分析，讨论与思考等。

附：实验报告格式示例

分析化学实验报告

实验名称：铅铋混合液中 Pb^{2+}、Bi^{3+} 的连续滴定　　　成绩：__________
专业班级：______________姓名：______________学号：______________
实验日期：____年____月____日
同组者：____________________气温：________℃ 大气压：__________ kPa

一、实验目的

(1)了解用控制酸度的方法进行 Pb^{2+}、Bi^{3+} 的连续滴定的原理。
(2)掌握合金试样的酸溶解技术。
(3)学会 Pb^{2+}、Bi^{3+} 的连续滴定分析方法。

二、实验原理

Bi^{3+}、Pb^{2+} 虽然均能与 EDTA 形成稳定的配合物，但其 $\lg K$ 值分别为 27.94 和 18.04，两者的稳定常数相差近 10 个数量级。因此，可以利用控制溶液酸度的方法来进行连续滴定。通常在 pH 为 1 时滴定 Bi^{3+}，在 pH 为 5~6 时滴定 Pb^{2+}。

以二甲酚橙(XO)为指示剂的水溶液在 pH>6.3 时呈红色，pH<6.3 时呈黄色；pH 在 1 附近时和 pH 为 5~6 时，二甲酚橙分别与 Bi^{3+}、Pb^{2+} 形成紫红色配合物。用 EDTA 滴定 Bi^{3+} 和 Pb^{2+} 至终点时，溶液由紫红色突变为亮黄色。

注意：如果实验涉及相关的方程式，在这里一定要写清楚。

三、实验仪器与试剂

1. 实验仪器

锥形瓶、移液管、滴定管。

2. 试剂

EDTA 标准溶液（0.020 mol·L^{-1}）、HNO_3 溶液（0.10 mol·L^{-1}）、六亚甲基四胺溶液（200 g·L^{-1}）、Bi^{3+}和 Pb^{2+}混合液（含 Bi^{3+}、Pb^{2+}各约为 0.010 mol·L^{-1}，含 HNO_3 0.15 mol·L^{-1}）、二甲酚橙指示剂（2 g·L^{-1}）。

四、实验步骤

用移液管移取 25.00 mL Bi^{3+}和 Pb^{2+}混合液于 250 mL 锥形瓶中，加入 12 mL 0.10 mol·L^{-1} HNO_3 溶液、2 滴二甲酚橙指示剂，用 EDTA 标准溶液滴定至溶液由紫红色变为亮黄色，即为终点，记下 V_1；然后加入 15 mL 200 g·L^{-1} 六亚甲基四胺溶液，溶液变为紫红色，用 EDTA 标准溶液滴定至溶液由紫红色变为亮黄色，即为终点，记下 V_2。平行测定 3 次。

根据滴定时所消耗的 EDTA 标准溶液的体积和 EDTA 标准溶液的浓度，计算混合液中 Bi^{3+}和 Pb^{2+}的含量（也可画成流程图）。

五、实验数据和结果分析（见表 1.1）

表 1.1 实验数据和结果

	Ⅰ	Ⅱ	Ⅲ
V_1(EDTA)/mL			
$\rho(Bi^{3+})/(g\cdot L^{-1})$			
$\bar{\rho}(Bi^{3+})/(g\cdot L^{-1})$			
相对平均偏差 $\bar{d}_{r1}$/%			
V_2(EDTA)/mL			
$\rho(Pb^{2+})/(g\cdot L^{-1})$			
$\bar{\rho}(Pb^{2+})/(g\cdot L^{-1})$			
相对平均偏差 $\bar{d}_{r2}$/%			

$$\rho(Bi^{3+}) = \frac{c(EDTA) \times V_1(EDTA) \times M(Bi^{3+})}{25.00}$$

$$\rho(Pb^{2+}) = \frac{c(EDTA) \times V_2(EDTA) \times M(Pb^{2+})}{25.00}$$

六、讨论与思考

讨论实验指导书中提出的思考题，写出心得与体会。

第三节 分析化学实验的一般知识

一、玻璃器皿的洗涤与干燥

分析化学实验需要使用许多玻璃仪器，因而在实验前后均需要清洗玻璃仪器，否则会影响实验结果的准确性。通常要求洗涤后器皿内壁只附着一层均匀的水膜，不挂水珠。

1. 洗涤方法

洗涤化学实验用的玻璃器皿时，可用毛刷蘸水刷掉附着的尘土、可溶性物质及易脱落的不溶性物质，至内壁不挂水珠后，再用纯水（蒸馏水或去离子水）淋洗三次。如有油污，则去除方法略有不同，烧杯、锥形瓶、量筒和离心管等可用毛刷蘸去污粉或合成洗涤剂刷洗。对于滴定管、移液管、吸量管和容量瓶等具有精密刻度的玻璃量器，不宜用刷子刷洗，可以用合成洗涤剂浸泡一段时间。若仍不能洗净，可用铬酸洗液洗涤。洗涤时先尽量将水沥干，再倒入适量铬酸洗液洗涤，注意用完的铬酸洗液要倒回原瓶，切勿倒入水池。光学玻璃制成的比色皿可用热的合成洗涤剂或盐酸-乙醇混合液浸泡内外壁数分钟（时间不宜过长）。

2. 常用的洗涤剂

（1）合成洗涤剂（或去污粉）主要是洗衣粉、洗洁精等，适用于去除油污和某些有机物。

（2）有机溶剂洗涤液主要是丙酮、乙醚、苯、乙腈或 NaOH 的饱和乙醇溶液，用于洗去聚合物、油脂及其他有机物。

（3）盐酸-乙醇溶液是化学纯盐酸和乙醇（1∶2）的混合溶液，用于洗涤被有色物污染的比色皿、容量瓶和移液管等。

（4）铬酸洗液是饱和 $K_2Cr_2O_7$ 的浓溶液，具有强氧化性，能除去无机物、油污和部分有机物。其配制方法是：称取 10 g $K_2Cr_2O_7$（工业级即可）于烧杯中，加入约 20 mL 热水溶解后，在不断搅拌下，缓慢加入 200 mL 浓 H_2SO_4 冷却后，转入玻璃瓶中，备用。铬酸洗液可反复使用，其溶液呈暗红色，当溶液呈绿色时，表示已经失效，须重新配制。铬酸洗液腐蚀性很强，且对人体有害，使用时应特别注意安全，也不可将其倒入水池。

3. 干燥方法

不急用的玻璃仪器在洗净后可倒置在实验柜内或仪器架上晾干。急用的仪器，可放在电烘箱内烘干，放进去之前应尽量把水倒尽；烧杯和蒸发皿可放在石棉网上用小火烤干，试管可直接用小火烤干。操作时，试管口向下，来回移动，烤到不见水珠时，将管口向上，以便赶尽水汽；也可用电吹风把仪器吹干。带有刻度的计量仪器不能用加热的方法进行干燥，以免影响仪器的精密度，可用易挥发的有机溶剂（如酒精或体积比为 1∶1 的酒精与丙酮混合液）荡洗后晾干。

二、常用玻璃仪器(见表 1.2)

表 1.2　常用玻璃仪器

仪器	主要用途	使用方法和注意事项
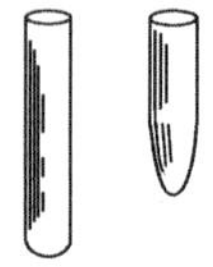 试管	1. 盛少量试剂; 2. 作少量试剂反应的容器; 3. 制取和收集少量气体; 4. 检验气体产物,也可接到装置中用	1. 反应液体不超过试管容积的 1/2,加热时不要超过 1/3; 2. 加热前试管外面要擦干,加热时要用试管夹; 3. 加热后的试管不能骤冷,否则容易破裂; 4. 离心试管只能用水浴加热; 5. 加热固体时,管口应略向下倾斜,避免管口冷凝水回流
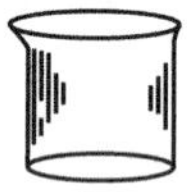 烧杯	1. 常温或加热条件下作为大量物质反应的容器; 2. 配制溶液用; 3. 接收滤液或代替水槽用	1. 反应液体不超过容量的 2/3,以免搅动时液体溅出或沸腾时溢出; 2. 加热前要将烧杯外壁擦干,加热时烧杯底要垫石棉网,以免受热不均匀而破裂
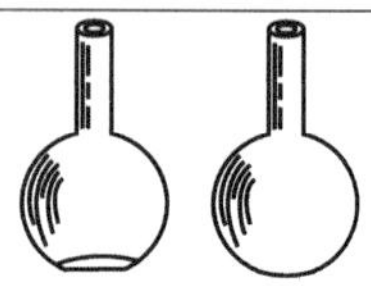 烧瓶	1. 圆底烧瓶可供试剂量较大的物质在常温或加热条件下反应,优点是受热面积大而且耐压; 2. 平底烧瓶可配制溶液或加热用,因平底放置平稳	1. 盛放液体的量不超过烧瓶容量的 2/3,也不能太少,避免加热时喷溅或破裂; 2. 固定在铁架台上,下垫石棉网再加热,不能直接加热,加热前外壁要擦干,避免受热不均匀而破裂; 3. 放在桌面上,下面要垫木环或石棉环,防止滚动
 滴瓶	盛放少量液体试剂或溶液,便于取用	1. 棕色瓶盛放见光易分解或不太稳定的物质,防止分解变质; 2. 滴管不能吸得太满,也不能倒置,防止试剂侵蚀橡皮胶头; 3. 滴管专用,不得弄乱、弄脏,以免污染试剂
 试剂瓶	1. 细口试剂瓶用于储存溶液和液体药品; 2. 广口试剂瓶用于存放固体试剂; 3. 两者可兼用于收集气体(但要用毛玻璃片盖住瓶口)	1. 不能直接加热,防止破裂; 2. 瓶塞不能弄脏、弄乱,防止沾污试剂; 3. 盛放碱液时应使用橡皮塞; 4. 不能作反应容器; 5. 不用时应洗净并在磨口塞与瓶颈间垫上纸条

（续表）

仪器	主要用途	使用方法和注意事项
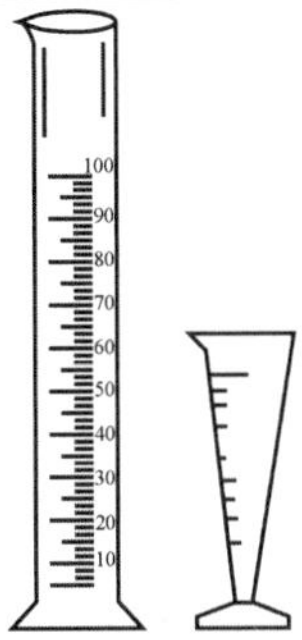 量筒量杯	用于粗略地量取一定体积的液体	1. 不可加热，不可作为实验（如溶解、稀释等）容器，防止破裂； 2. 不可量取热溶液或热液体（在标明的温度范围内使用），否则容积不准确； 3. 应竖直放在桌面上，读数时，视线应和液面水平，读取与弯月面底相切的刻度，理由是读数准确
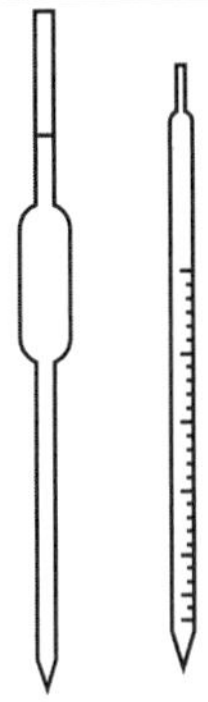 吸量管	用于精确移取一定体积的液体	1. 取洁净的吸量管，用少量移取液淋洗1~2次，确保所取液体浓度或纯度不变； 2. 将液体吸入，液面超过刻度，再用食指按住管口，轻轻转动放气，使液面降至刻度后，用食指按住管口，移至指定容器中，放开食指，使液体沿容器壁自动流下，确保量取准确； 3. 未标明“吹”字的吸管，残留的最后一滴液体不用吹出
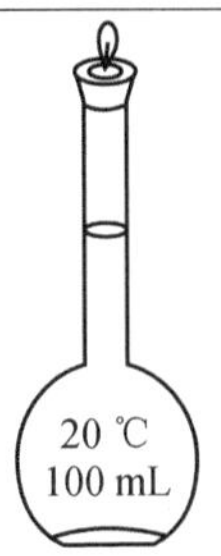 容量瓶	用于配制准确浓度的溶液	1. 溶质先在烧杯内全部溶解，然后移入容量瓶； 2. 不能加热，不能代替试剂瓶用来存放溶液，避免影响容量瓶容积的精确度； 3. 磨口瓶塞是配套的，不能互换
 漏斗	1. 过滤液体； 2. 倾注液体； 3. 长颈漏斗常用于向装配气体发生器中加液体	1. 不可直接加热，防止破裂。 2. 过滤时，滤纸角对漏斗角；滤纸边缘低于漏斗边缘，液体液面低于滤纸边缘；杯靠棒，棒靠滤纸，漏斗颈尖端必须紧靠承接滤液的容器内壁（即一角、二低、三紧靠），防止滤液溅失（出）。 3. 用长颈漏斗向装配气体发生器中加液体时，漏斗颈应插入液面内，防止气体自漏斗管喷出

(续表)

仪器	主要用途	使用方法和注意事项
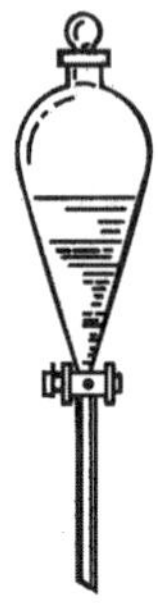 分液漏斗	1. 用于互不相溶的液-液分离; 2. 用于气体发生装置中加液	1. 不能加热,防止玻璃破裂; 2. 在塞上涂一层凡士林油,旋塞处不能漏液,且旋转灵活; 3. 分液时,下层液体从漏斗管流出,上层液体从上口倒出,防止分离不清; 4. 作气体发生器时漏斗颈应插入液面内,防止气体自漏斗管喷出
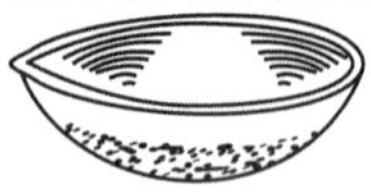 蒸发皿	1. 用于溶液的蒸发、浓缩; 2. 焙干物质	1. 盛液量不得超过容积的 2/3; 2. 直接加热,耐高温但不宜骤冷; 3. 加热过程中应不断搅拌以促使溶剂蒸发,口大底浅易于蒸发; 4. 临近蒸干时,降低温度或停止加热,利用余热蒸干
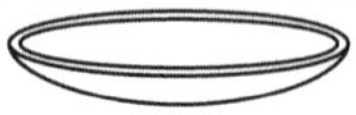 表面皿	1. 盖在烧杯或蒸发皿上; 2. 作点滴反应器皿或气室用; 3. 盛放干净物品	1. 不能直接用火加热,防止破裂; 2. 不能作蒸发皿用
 酒精灯	1. 常用热源之一; 2. 进行焰色反应	1. 使用前应检查灯芯和酒精量(不少于容积的 1/5,不超过容积的 2/3); 2. 用火柴点火,禁止用燃着的酒精灯去点燃另一盏酒精灯; 3. 不用时应立即用灯帽盖灭,轻提后再盖紧,防止下次打不开及酒精挥发
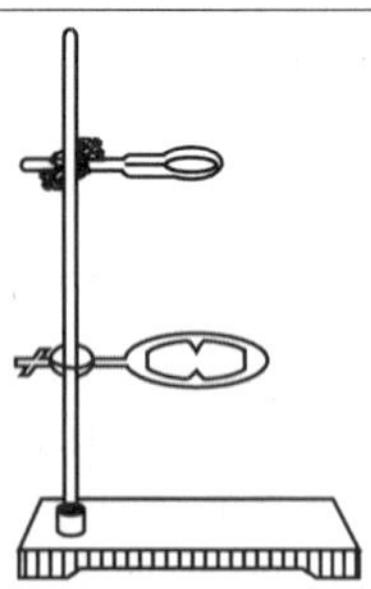 铁架台	1. 固定或放置反应容器; 2. 铁圈可代替漏斗架用于过滤	1. 先调节好铁圈、铁夹的距离和高度,注意重心,防止站立不稳; 2. 用铁夹夹持仪器时,应以仪器不能转动为宜,不能过紧、过松,过紧易夹破,过松易脱落; 3. 加热后的铁圈不能撞击或摔落在地上,避免断裂

（续表）

仪器	主要用途	使用方法和注意事项
 试管刷	洗涤试管等玻璃仪器	1. 避免试管刷顶部的铁丝撞破试管底； 2. 洗涤时手持刷子的部位要合适，要注意毛刷顶部竖毛的完整程度，避免洗不到仪器顶端或因刷顶部撞破仪器； 3. 不同的玻璃仪器要选择对应的试管刷
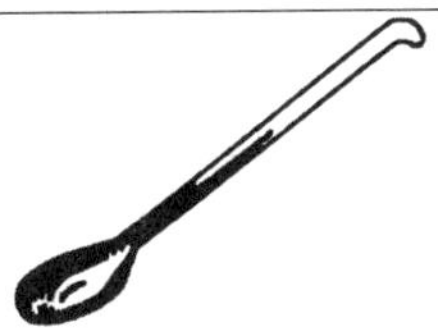 药勺	1. 拿取少量固体试剂； 2. 有的药勺两端各有一个勺，一大一小，根据用药量大小分别选用	1. 保持干燥、清洁； 2. 取完一种试剂后，必须洗净，并用滤纸擦干或干燥后再取用另一种药品，避免沾污试剂，发生事故
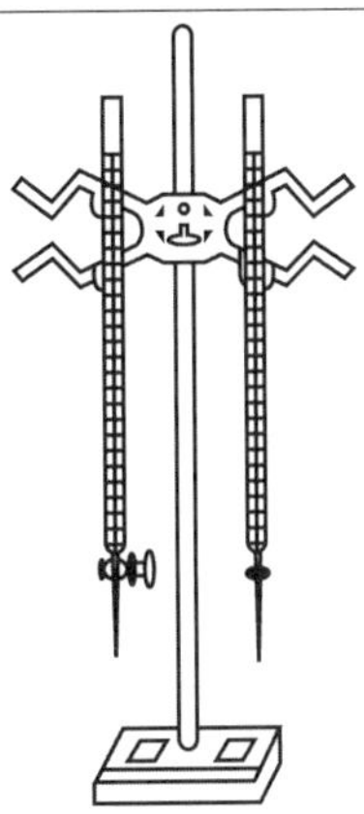 滴定管	用于滴定，或用于量取较准确测量溶液的体积	1. 酸的滴定用酸式滴定管，碱的滴定用碱式滴定管，不可对调混用，因为酸液会腐蚀橡皮，碱液会腐蚀玻璃。 2. 使用前应检查旋塞是否漏液，转动是否灵活，酸式滴定管旋塞应擦凡士林油，碱式滴定管下端橡皮管不能用洗液洗，因为洗液会腐蚀橡皮。 3. 用酸式滴定管滴定时，用左手开启旋塞，防止拉出或喷漏；用碱式滴定管滴定时，用左手捏橡皮管内玻璃珠，溶液即可放出，在使用碱式滴定管时，要注意赶尽气泡，这样读数才准确
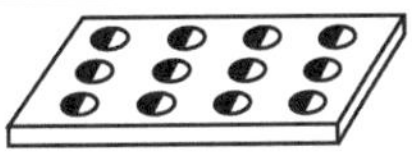 点滴板	用于产生颜色或生成有色沉淀的点滴反应	1. 常用白色点滴板； 2. 有白色沉淀的用黑色点滴板； 3. 试剂常用量为 1~2 滴
 研钵	1. 研碎固体物质； 2. 混匀固体物质； 3. 按固体的性质和硬度选用不同的研钵	1. 不能加热或作反应容器用； 2. 不能将易爆物质混合研磨，防止爆炸； 3. 盛固体物质的量不宜超过研钵容积的 1/3，避免物质甩出； 4. 只能研磨、挤压，勿敲击，大块物质只能压碎，不能捣碎，防止击碎研钵和杵或物体飞溅
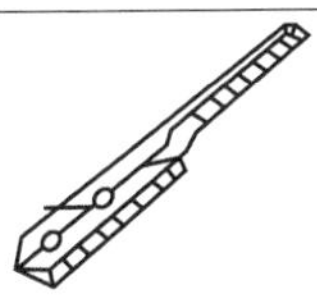 试管夹	加热试管时夹试管用	1. 加热时，夹住距离管口约 1/3 处（上端），避免烧焦夹子和锈蚀，也便于摇动试管； 2. 不要把拇指按在夹子的活动部位，避免试管脱落； 3. 一定要从试管底部套上或取下试管夹，要求操作规范化

（续表）

仪器	主要用途	使用方法和注意事项
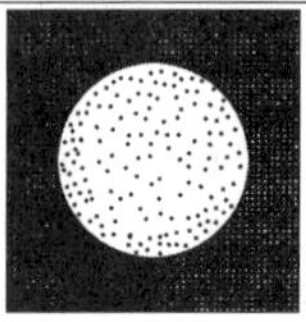 石棉网	1. 使受热物体均匀受热； 2. 石棉是一种不良导体，它能使受热物体均匀受热，不致造成局部高温	1. 应先检查，石棉脱落的不能用，否则起不到作用； 2. 不能与水接触，以免石棉脱落和铁丝锈蚀； 3. 不可卷折，因为石棉松脆，易损坏

三、物质的称量

台秤又叫托盘天平（如图 1.1 所示），常用于精确度不高的称量，一般称量能准确到 0.1 g。其使用步骤如下：

（1）调零点。称量前，先将游码拨到游码标尺的“0”位处，检查天平的指针是否停在刻度盘的中间位置，若不在中间位置，可调节天平托盘下侧的平衡螺母，使指针指到零点。

（2）称量时，左托盘放被称物，右托盘放砝码。药品不能直接放在托盘上，可放在称量纸或表面皿上。加砝码时，砝码用镊子夹取，应先加质量大的，后加质量小的，10 g 或 5 g 以下可移动游码。当添加砝码到天平的指针停在刻度盘的中间位置时，天平处于平衡状态，此时指针所停的位置称为停点，零点与停点相符时（允许偏差 1 个小格以内），记录所加砝码和游码的质量。

（3）称量完毕，应将砝码放回砝码盒中，游码移至刻度“0”处，天平的两个托盘重叠后，放在天平的一侧，使天平休止，以免天平摆动，破坏天平的刀口。

注意：不能称量热的物品！

如果要准确地称量（分析），可根据要求的精确度选用扭力天平、阻尼天平、电光天平。

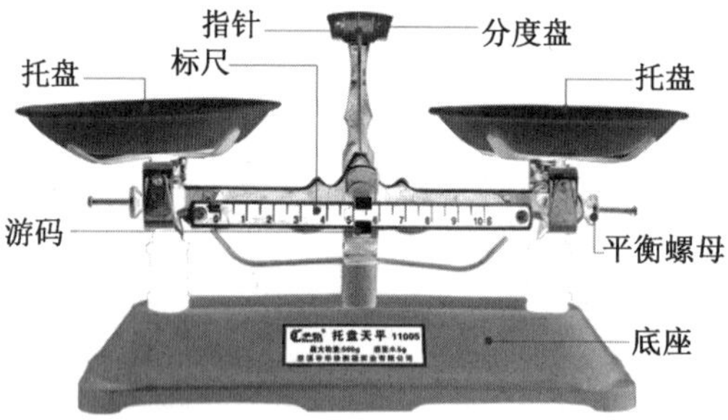

图 1.1　托盘天平

四、试剂的分类及取用

化学试剂种类繁多，分类和分级标准也不相同。我国的国家标准根据试剂的纯度和杂质含量，将试剂划分为五个级别，对试剂包装袋标签颜色及适用范围做了规定，如表 1.3 所示。

实验室中，固体试剂一般盛放在广口瓶内；液体试剂盛放在细口瓶或滴瓶内；见光易分解的试剂盛放在棕色瓶内。实验所用的试剂，有的有毒性，有的有腐蚀性，因此一律不准用口尝它的味道或用手去拿药品。取用时，应看清标签，用右手握住试剂瓶，瓶上贴的标签应对着手心(虎口),打开瓶塞,将瓶塞反放在实验台上;根据用量取用试剂,不可多取;取完试剂,盖紧瓶塞,将试剂瓶放回原处。

表 1.3 化学试剂的级别及适用范围

级别	名称	英文符号	标签颜色	适用范围
一级	优级纯	GR	绿	精密分析实验
二级	分析纯	AR	红	分析实验
三级	化学纯	CP	蓝	一般化学实验
四级	实验试剂	LR	黄	工业制备
生化试剂	生化试剂	BC	咖啡或玫瑰红	生化实验

1. 固体试剂的取用

(1) 取粉末或小颗粒的药品,要用洁净的药勺。往试管里装粉末状药品时,为了避免药粉沾在试管口和管壁上,可将装有试剂的药勺或纸槽平放入试管底部,然后将试管竖直,取出药勺或纸槽。

(2) 取块状药品或金属颗粒,要用洁净的镊子夹取。装入试管时,应先把试管平放,把颗粒放进试管口内后,再把试管慢慢竖直,使颗粒缓慢地滑到试管底部。

2. 液体试剂的取用

(1) 取少量液体时,可用滴管吸取。取出后,滴管不能伸入接收容器中,以免接触器壁而污染药品,更不能伸入其他液体中。装有药品的滴管不能横置或管口向上斜放,以免药品流入滴管的胶头中,引起药品的变质。

(2) 粗略量取一定体积的液体时可用量筒。读取筒内液体体积的数据时,量筒必须放平稳且垂直,以液面呈弯月形的最凹处与刻度的相切点为准,且使视线与量筒内液体的凹液面最低处保持同一水平, 偏高或偏低都会因读数不准而造成较大的误差, 如图 1.2 所示。倾注完毕,可轻触容器壁使残留液滴流入容器。

(3) 准确量取一定体积的液体时,应使用吸量管、移液管或滴定管。

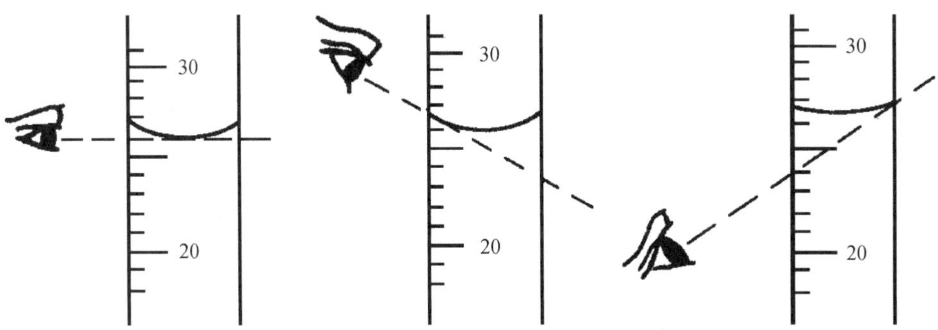

(a) 正确 (b)不正确 (c)不正确

图 1.2 量筒的读数

五、标准物质和标准溶液

标准物质是用于校准测量器皿、评价测量方法或给材料赋值的具有一种或多种足够均匀和已很好地确定了特征性的材料或物质。我国的标准物质分为钢铁、有色金属、建筑材料、核材料、高分子材料、化工产品、地质、环境、临床化学与药品、食品、煤炭石油、工程、物理共13类。

标准物质分为一级和二级两个级别。一级标准物质是统一全国量值的重要依据，采用绝对测量法定值或由多个实验室采用准确可靠的方法协作定值，定值的准确度具有国内最高水平。一级标准物质主要用于研究与评价标准方法、高精确度测量仪器的校准和二级标准物质的定值。二级标准物质也称为工作标准物质，采用准确可靠的方法或直接与一级标准物质相比较的方法定值，定值的准确度通常高于现场测量准确度的3~10倍。二级标准物质主要用于研究与评价现场分析方法、现场实验室的质量保证及不同实验室间的质量保证。

一般在分析实验中所用的标准物质均为二级标准物质。目前我国的化学试剂中只有滴定分析基准试剂和pH基准试剂属于标准物质，品种也不多。滴定分析中常用的工作基准试剂见附录15，常用的七种pH基准试剂见附录14。

标准溶液是已确定主体物质浓度或其他特性量值的溶液。在分析化学实验中常用的标准溶液主要有三种：滴定分析用标准溶液，pH测量用标准溶液和仪器分析用标准溶液。

滴定分析用标准溶液用于测定试样中的主体成分或常量成分。各种滴定分析用标准溶液的配制方法详见国家标准《化学试剂　标准滴定溶液的制备》（GB/T 601—2002）。

pH测量用标准溶液是具有准确pH的专用缓冲溶液，在用pH计测量溶液的pH时，用于对仪器定位。pH测量用标准溶液的配制方法详见《pH测量用缓冲溶液制备方法》（JB/T 8276—1999）。

仪器分析方法多种多样，不同的仪器分析实验对试剂的要求也不尽相同。配制仪器分析用的标准溶液可能会使用专用试剂、优级纯试剂、分析纯试剂、纯金属和其他标准物质等。即使同一种仪器分析方法，当分析对象不同时所用试剂的级别也会不一样。

六、溶液配制及浓度表示法

1. 溶液的配制方法

溶液的配制方法主要分为标准溶液的配制方法和普通溶液的配制方法。

（1）标准溶液是指已知准确浓度的溶液，其配制方法主要有两种：直接法和标定法。

对于基准物质，可以用直接法配制，即准确称取基准物质，在经过严格定容后得到准确浓度的标准溶液。例如，配制500 mL 0.010 0 mol·L^{-1} NaCl溶液时，在电子天平（或分析天平）上准确称取基准物质NaCl 0.292 2 g，用适量蒸馏水溶解后移入500 mL容量瓶定容。整个操作过程要严格、规范。

不能直接配制成准确浓度的标准溶液，可用标定法配制（适用于大多数物质），即先近似地配制成所需浓度的溶液，再用适合的基准物质或已知准确浓度的标准溶液来进行标定。例如，NaOH标准溶液在酸碱滴定中最常用，通常用于配制浓度为0.1 mol·L^{-1}的溶液，但NaOH易吸收空气中的二氧化碳和水汽，不符合直接法配制标准溶液的要求，只能用标定法来配制。称量原装的NaOH时，可在台秤上称取固体，加入的溶剂可用量杯或量筒量取。但在标定的整个过程中,与直接法配制一样,要规范和严格。

(2)普通溶液主要用溶质和溶剂的不同体积比来配制并表示浓度。例如(1+2)HCl 溶液,也就是量取 1 体积原装盐酸与 2 体积的水均匀混合后所得到的溶液。

2. 溶液浓度的表示方法

配制好溶液后,就涉及溶液浓度的表示方法。

分析化学中常用溶液浓度的表示方法主要有物质的量浓度、质量分数、质量浓度、体积比浓度和滴定度五种。

(1)物质的量浓度

物质的量浓度是指单位体积溶液中所含溶质的物质的量。

$$c = \frac{n}{V}$$

其中,n 是溶质的物质的量,mol;V 是溶液的体积,L;c 是物质的量浓度,$mol \cdot L^{-1}$。

(2) 质量分数

质量分数是指溶质的质量与溶液的质量之比。

$$w = \frac{m_{溶质}}{m_{溶液}}$$

其中,$m_{溶质}$ 为溶质的质量,g;$m_{溶液}$ 为溶液的质量,g;w 为物质的质量分数,是无量纲量,用百分数表示。例如 $w_{HCl} = 5\%$,即 100 g 溶液中含有 5 g HCl。

(3) 质量浓度

质量浓度是 1 L 溶液中所含溶质的质量。

$$\rho = \frac{m_{溶质}}{V}$$

其中,$m_{溶质}$ 为溶质的质量,g;V 是溶液的体积,L;ρ 为物质的质量浓度,$g \cdot L^{-1}$。例如 $\rho_{NaCl} = 20\ g \cdot L^{-1}$,即为 1 L NaCl 溶液中含有 20 g NaCl。

(4)体积比浓度

体积比浓度是液体溶质与溶剂按照一定的体积比相混合所形成溶液的浓度表示方法。例如(1+5)HCl 溶液表示 1 体积的原装盐酸与 5 体积的水相混合而形成的溶液。

(5)滴定度

滴定度是指单位体积的标准溶液相当于被测物质的质量,单位为 $g \cdot mL^{-1}$,$mg \cdot mL^{-1}$。例如,$T_{Fe/K_2Cr_2O_7} = 5.6\ mg \cdot mL^{-1}$,即为 1 mL $K_2Cr_2O_7$ 的标准溶液可定量滴定 5.6 mg Fe。

第四节　分析化学实验的安全知识

一、化学品使用安全

1. 化学品使用防护方法

(1)强氧化剂:氯酸盐、高氯酸盐、无机过氧化物、有机过氧化物等。此类物质因加热、撞击而发生爆炸;遇强酸、水、强还原剂都易反应,引起发热、着火、爆炸,故要远离烟火和热源,并避免撞击。

(2)强酸类:HNO_3(发烟硝酸、浓硝酸)、H_2SO_4(无水硫酸、发烟硫酸、浓硫酸)、HCl(盐酸)等。强酸性物质与有机物或还原性物质等反应,往往会发热而着火。处理此类物质时,要在通风柜中进行,戴防酸橡胶手套、防飞溅面罩。

(3)自燃、低温着火类:P(黄磷、红磷)、硫化磷、S(硫黄)、金属(Mg、Al 等)粉、金属(Mg)条等。此类物质接触空气易着火,受热会着火,与氧化性物质混合会着火,硫黄粉末吸潮发热会着火,所以要远离热源或火源。

(4)禁水性物质:Na、K、CaC_2(碳化钙)、Ca_3P_2(磷化钙)、CaO(生石灰)、$NaNH_2$(氨基钠)、$LiAlH_4$(氢化铝锂)等。金属钠或钾等物质与水反应,会放出氢气而引起着火、燃烧或爆炸;碳化钙与水反应产生乙炔,会引起着火、爆炸;磷化钙与水反应放出磷化氢(剧毒气体),易自燃或引起燃烧爆炸。使用这类物质时,要戴耐腐蚀橡胶手套或用镊子操作,不可直接用手操作。

(5)易燃物质:易燃物质的危险性大致可根据其燃点加以判断。燃点越低,危险性就越大。其分为两大类:一类是特别易燃物质,燃点在-20 ℃以下和沸点在 40 ℃以下的物质,如乙醚、乙醛等。另一类是一般易燃物质,包括高度易燃性物质(燃点在 20 ℃以下),室温易燃性很高,如石油醚、汽油、醇类(第一类石油产品);中等易燃性物质(燃点在 20~70 ℃),加热时容易着火,如煤油、二甲苯、乙酸(第二类石油产品)等,重油、乙二醇(第三类石油产品)等;低易燃性物质(燃点在 70 ℃以上),高温加热时分解放出气体,容易引起着火。加热或处理量很大时,要戴上防护面具及防静电手套。此类物质引起火灾时,用二氧化碳灭火器或干粉灭火器灭火。

(6)易爆炸物质:易爆炸物质分为两类,一类是可燃性气体,可与空气混合,达到其爆炸界限时着火而发生燃烧爆炸;另一类是分解爆炸的物质,由于与还原性物质接触、加热或撞击而分解,产生突然汽化的分解爆炸,本身为爆炸物。根据需要准备好或戴上防护面具、穿耐热防护衣或戴防毒面具。

(7)剧毒物质,直接接触剧毒物质时,从皮肤或黏膜等部位被吸收:以蒸气或微粒状态从呼吸道被吸入;以水溶液状态从消化道进入人体。使用此类物质时,要准备好或戴上防毒面具及橡胶手套,有时要穿防毒衣。

2. 化学品取用方法

(1)固体试剂的取用。固体粉末或小颗粒药品的取用可使用药勺,取用块状药品应用镊子;若需取用定量药品,须在天平上称量且应把药品置于称量纸上,易潮解或具有腐蚀性的药品要放在表面皿或玻璃容器内称量;取用药品应按量取用,若多了则不能倒回原瓶,应另装指定容器备作他用,以免污染整瓶药品;药品取出后应立即塞上瓶塞。另外,在向试管内加药品时,应把药品放在对折的纸片上,再将纸片放入试管的 2/3 处,方可倒入药品;当加入块状固体时,应把试管倾斜,让药品沿管壁慢慢滑到底部,以免打破管底。

(2)液体试剂的取用。应采用倾注法,即先将瓶盖取下,反放在实验台上;再左手持容器,右手拿试剂瓶贴标签的一侧,慢慢倾斜试剂瓶,让试剂溶液沿试管壁或玻璃棒注入所需的容量,随即将试剂瓶口在容器口上靠一下,再立起试剂瓶,以免残留瓶口的液滴流到瓶的外壁上;在用滴瓶取用药品时,要使用滴瓶配套的滴管,用后放回原试剂瓶中。

(3)部分特殊试剂的取用。一些具有特殊性质的危化品根据其特殊危险性进行取用,例如：

①黄磷应浸于水中密闭保存，用镊子夹取后宜用小刀分切。

②钠、钾浸入无水煤油保存，宜用小刀分切。

③汞应低温密闭保存，宜用滴管吸取。若洒落桌面，可用硫黄粉覆盖。

④溴水应低温密闭保存，宜用移液管吸取，以防中毒与灼燃。

3. 其他安全措施

(1)科学优化实验流程。在试验阶段，必须考虑对危险化学品（简称危化品）的安全性进行选择和优化，实验尽可能选用不燃或不易燃的危化品代替易燃危化品；尽可能选用高沸点危化品代替低沸点危化品；尽可能选用电阻率较小的危化品代替电阻率大的危化品；尽可能选用无毒或毒性较小的危化品代替剧毒或毒性较大的危化品；最大限度地降低危化品的使用量。通过前期安全试验工作，从本质上消除或降低危化品的危险性、危害性。

(2)加强通风换气。为保证易燃、易爆、有毒危化品泄漏的气体在实验环境中不超过爆炸、中毒的危险浓度，整个实验尽量在通风柜中进行。

(3)消除、控制引火源。为了防止火灾和爆炸，消除、控制引火源是切断燃烧三要素的一个重要措施。引火源主要有明火、高温表面、摩擦和撞击、电气火花、静电火花和化学反应放热等。当易燃危化品使用中存在上述引火源时会引燃溶剂形成火灾、爆炸。因此，必须特别注意消除和控制引火源。

(4)配备消防器材。配备足够的消防器材，可应对突发的火警事件，将事故消灭在萌芽状态。使用危化品前，了解其危险性与危害性，一旦发生事故，选择合适种类的消防器材。

(5)及早发现、防止蔓延。为了及时掌握险情，防止事故扩大，对使用、储存危化品的场所应在危险处设置可燃气体检测报警装置、火灾检测报警装置、高低液位检测报警装置、压力和温度超限报警装置。通过声、光、色报警信号警告操作人员及时采取措施，消除隐患。

危化品的详细分类、存放可参照《危险化学品仓库储存通则》（GB 15603—2022）。

(1)腐蚀品应放在防腐蚀试剂柜的下层；或下垫防腐蚀托盘，置于普通试剂柜的下层。

(2)还原剂、有机物等不能与氧化剂、硫酸、硝酸混放。

(3)强酸（尤其是硫酸），不能与强氧化剂的盐类（如高锰酸钾、氯酸钾等）混放；遇酸可产生有害气体的盐类（如氰化钾、硫化钠、亚硝酸钠、氯化钠、亚硫酸钠等）不能与酸混放。

(4)易产生有毒气体（烟雾）或难闻刺激气味的化学品应存放在配有通风吸收装置的试剂柜内。

(5)金属钠、钾等碱金属应储存于煤油中；黄磷、汞应储存于水中。

(6)易水解的药品（如醋酸酐、乙酰氯、二氯亚砜等）不能与水溶液、酸、碱等混放。

(7)卤素（氟、氯、溴、碘）不能与氨、酸及有机物混放。

(8)氨不能与卤素、汞、次氯酸、酸等接触。

二、化学品事故处置

1. 化学品火灾事故处置措施

(1)一般危化品火灾事故处置措施

①扑救前，迅速了解燃烧危化品及其周边物质的危险特性，判明火灾类型，选择最适当的

灭火剂和灭火方法。

②火场救助人员应针对燃烧的危化品及燃烧产物危险性质采取合适的自我防护措施，如使用合适的防护面具、专用防护服等。

③扑救人员应占领上风或侧风阵地进行火情侦察、火灾扑救。

④针对危化品火灾蔓延快和燃烧面积大的特点，首先采取堵截火势、控制蔓延的措施，再重点突破、分割包围，最后逐步扑灭。

⑤一旦发现有可能发生爆炸、爆裂、喷溅等特别危险的情况，需按照统一的撤退信号和撤退方法及时紧急撤退。

⑥火灾扑灭后，仍然要派人监护现场，消灭余火。

（2）易燃液体火灾事故处置措施

①灭火前，首先了解和掌握着火危化品的危险特性（包括密度、水溶性、毒害、腐蚀、沸点等），以便采取相应的灭火和防护措施。

②易燃液体一般储存在容器内或用管道输送，与气体不同的是，一般都是常压，只有反应锅（炉、釜）及输送管道内的液体压力较高。针对危险特性选择合适的灭火方式进行灭火。

a. 比水轻又不溶于水的液体（如汽油、苯等）着火时，用水灭火往往无效，可用普通蛋白泡沫或轻水泡沫扑灭。用干粉扑救时灭火效果要视燃烧面积大小和燃烧条件而定，最好用水冷却，降低燃烧强度。

b. 比水重又不溶于水的液体（如二硫化碳）着火时，可用水覆盖在液面上灭火，用泡沫也有效。用干粉扑救时灭火效果要视燃烧面积大小和燃烧条件而定，最好用水冷却，降低燃烧强度。

c. 水溶性的液体（如醇类、酮类等）着火时，理论上可用水稀释扑救，但需要大量的水才能使液体闪点消失，可能造成危化品液体溢流，选择普通泡沫又会受到水溶性液体的破坏，因此最好用抗溶性泡沫扑救。用干粉扑救时，灭火效果要视燃烧面积大小和燃烧条件而定，也需用水冷却，降低燃烧强度。

③切断火势蔓延的途径，冷却和疏散受火势威胁的密闭容器和可燃物，控制燃烧范围。有液体流淌时，应采取合适手段拦截或疏导飘散流淌的易燃液体。

④注意事项：

a. 具有毒性、腐蚀性液体的火灾或燃烧产物具有毒性的火灾，必须选用专用防护服、专业防护面具，尽量使用隔绝式空气面具。

b. 沸溢和喷溅的液体火灾（如原油、重油等），必须注意观察沸溢、喷溅的征兆，计算可能发生沸溢、喷溅的时间。一旦发现危险征兆，及时撤退。

c. 易燃液体管道或贮罐泄漏着火，先用泡沫、干粉、二氧化碳或雾状水等扑灭地上的流淌火焰，再扑灭泄漏口的火焰，进而迅速关闭阀门、堵住漏点，一次堵漏失败，可连续堵几次。

（3）压缩气体和液化气体火灾事故处置措施

①应先扑灭外围被火源引燃的可燃物火势，切断火势蔓延途径，控制燃烧范围，并积极抢救受伤和被困人员。

②扑救气体火灾切忌盲目灭火，防止大量可燃气体泄漏出来与空气混合发生爆炸。

a. 贮罐或管道泄漏着火，只要判断阀门还有效，就应先设法找到气源阀门，只要关闭气体阀门，火势就会自动熄灭。

b. 贮罐或管道泄漏关阀无效时，首先选择用干粉、二氧化碳或水灭火，用水冷却罐体或管壁。一旦火被扑灭，立即用堵漏材料堵漏，同时用雾状水稀释和驱散泄漏出来的气体。堵漏完成也就完成了灭火工作。

c. 如果一次堵漏失败，应立即将泄漏处点燃，使其恢复稳定燃烧，以防止较长时间泄漏出来的大量可燃气体与空气混合后形成爆炸危险，并准备再次灭火堵漏。

d. 如果确认泄漏口很大，根本无法堵漏，只需冷却着火容器及其周围容器和可燃物品，控制着火范围，直到燃气燃尽，火势自动熄灭。

③注意事项：

a. 应密切注意现场各种危险征兆，一旦发现爆炸等危险征兆，人员要及时撤退。

b. 如果火势中有压力容器或有受到热威胁的压力容器，能疏散的应尽量在水枪的掩护下疏散，不能疏散的应部署足够的水枪进行冷却保护。

2. 化学品泄漏事故处置措施

(1) 堵漏准备

①易燃易爆泄漏物，事故中心区应严禁火种、切断电源；设置边界警戒线，禁止车辆、人员进入，有序组织事故波及区人员的撤离。

②有毒泄漏物，使用专用防护服、隔绝式空气面具，设置边界警戒线，禁止车辆、人员进入，有序组织事故波及区人员的撤离。

③进入现场的救援人员必须配备个人防护器具。应急处理时严禁单独行动，必要时用水枪、水炮掩护。

(2) 泄漏源控制

首先，关闭阀门，立即停止一切作业；其次，检查漏点，根据危险特性采用合适的材料和技术手段堵住泄漏处。

(3) 泄漏物处理

①围堤堵截：筑堤堵截泄漏液体或者引流到安全地点。贮罐区发生液体泄漏时，要及时关闭雨水阀，防止物料沿明沟外流。

②稀释与覆盖：对于泄漏形成的有害蒸气云，喷射雾状水加速气体向高空扩散；对于可燃气体，释放大量水蒸气或氮气破坏燃烧条件；对于液体，可用泡沫或其他覆盖物品覆盖泄漏物，在其表面形成覆盖层，抑制其蒸发。

③收容(集)：对于大量泄漏，可用隔膜泵将泄漏物抽入容器内；对于少量泄漏，可用沙子、吸附材料、中和材料等吸收中和。

④废弃：将收集的泄漏物运至废物处理场所处置，不得直接排入污水系统。

3. 化学品中毒处置措施

(1) 若为皮肤中毒，应迅速脱去受污染的衣物，用大量流动的清水冲洗至少 15 min。

(2) 若为吸入中毒，应迅速脱离中毒现场，移至上风方向空气新鲜处，同时解开患者的衣领，放松裤带，使其保持呼吸道畅通。

(3) 若为口服中毒，中毒物为非腐蚀性物质时，可用催吐方法使中毒者将毒物吐出；中毒物为强碱、强酸等腐蚀性强的物质时，催吐会使食道、咽喉再次受到损伤，可服生奶、蛋清、豆浆、淀粉糊等，此时不能洗胃，也不能服碳酸氢钠，以防胃胀气引起穿孔。

（4）如发现现场中毒者发生心跳、呼吸骤停现象，应立即实施人工呼吸和体外心脏按压术，使其维持呼吸、循环功能。

4. 化学品灼伤的处置措施

化学腐蚀物品造成的化学灼伤与一般火灾的烧伤、烫伤不同，开始时往往感觉不太疼，但发觉时身体组织已灼伤。所以一旦发生化学灼伤应迅速采取淋洗等急救措施。

（1）对化学性皮肤烧伤，应立即将患者移离现场，迅速脱去受污染的衣裤、鞋袜等，并用大量流动的清水冲洗创面 20~30 min，以稀释有毒物质，防止继续损伤和通过伤口吸收。新鲜创面上严禁任意涂抹油膏或红药水、紫药水，不要用脏布包裹；黄磷烧伤时应用大量清水冲洗、浸泡或用多层干净的湿布覆盖创面。

（2）化学性眼烧伤，要在现场迅速用流动的清水进行冲洗。

三、实验室用电安全控制

所谓安全用电，系指电气工作人员、生产人员以及其他用电人员，在既定环境条件下，采取必要的措施和手段，在保证人身及设备安全的前提下正确使用电力。

（一）电气防火防爆措施

1. 正确使用各种插座

两孔插座：小型单相电器，电压为 220 V。

三孔插座：带金属外壳的电器，电压为 220 V。三孔分别为火线（L）、零线（N）和地线（E）。

四孔插座：提供动力电，三个为相线（L），一个为中心线（N）。相电压为 220 V，线电压为 380 V。必须断电操作。

为仪器选配插座必须电压、功率匹配，以防插座过热烧毁，引起火灾。

2. 加强电气设备的维护和管理及排除燃爆危险隐患

（1）正确选用电气设备，具有爆炸危险的场所应按规范选择防爆电气设备。

（2）合理选择电器安装位置，保持必要的安全间距是防火防爆的一项重要措施。

（3）加强电气设备的维护、保养、检修，保持电气设备足够的绝缘能力，保持电气连接良好等。

（4）保证设备通风良好，防止设备过热。在有爆炸危险的场所，必须保证通风良好以降低爆炸性混合物的浓度。

（5）必须按规定接地。所有金属外壳、设备都要有可靠的接地，防止打雷、闪电和漏电引起的火花。

（6）杜绝设备超负荷运行和“故障”运行。

（7）采取耐火设施，提高实验室装置、器械、家具的耐火性能，室内必须配备灭火装置。

（二）人体防触电措施

1. 采用安全电压

安全电压是指人体较长时间接触而不致发生触电危险的电压，即人体较长时间接触，对人体各部位组织器官（如皮肤、心脏、呼吸器官和神经系统）不会造成任何损害的电压。安全电压也叫安全特低电压(SELV)。

安全电压值的确定不仅取决于电压高低,还与人体电阻有关,人体的电阻又受环境、温度和湿度的影响,并且影响很大。参考我国国家标准《特低电压(ELV)限值》(GB/T 3805—2008),该标准规定了在各种预期环境下最高电压不足以使人体流过的电流能造成不良生理效应,不可能造成危害的临界等级以下的系列电压限值。

采用安全电压能够限制人员触电时通过人体的电流在安全电流范围内,是一项防止触电伤亡事故的重要技术措施。

2. 采用屏护

屏护是指采用专门的装置把危险的带电体同外界隔离开来,防止人体接触或过分接近带电体,以及便于安全操作的安全防护措施。

屏护装置主要包括:遮拦、栅栏、围墙、罩盖、箱闸、保护网等。

屏护的特点是屏护装置不直接与带电体接触,对所用材料的电气性能无严格要求,但应有足够的机械强度和良好的耐火性能。

3. 保证电气设备的绝缘性能

绝缘是用绝缘物将带电导体封闭起来,使之不能对人身安全产生威胁。一般使用的绝缘物有陶瓷、云母、橡胶、胶木、塑料、布、纸、矿物油等。

足够的绝缘电阻能把电气设备的泄漏电流限制在很小的范围内,可以防止漏电引起的事故。不同电压等级的电气设备有不同的绝缘电阻要求,并要定期进行测定。

实验室操作人员还应正确使用绝缘用具,穿着绝缘靴、鞋。

4. 保证安全距离

为防止人体触及或过分接近带电体,或防止车辆和其他物体碰撞带电体,以及避免发生各种短路、火灾和爆炸事故,在人体与带电体之间、带电体与地面之间、带电体与带电体之间、带电体与其他物体和设施之间,都必须保持一定的距离,这种距离称为电气安全距离,简称间距。

间距的大小取决于电压的高低、设备的类型及安装的方式等因素。间距大致可分为四种:即各种线路的间距、变配电设备的间距、各种用电设备的间距、检维修时的间距。

各种线路、变配电设备及用电设备的间距在电力设计规范及相关资料中均有明确而详细的规定。如:在低压操作中,人体及其所带工具与带电体之间的距离不应小于 0.1 m;在高压无遮拦操作中,人体及其所带工具与带电体之间的最小距离视工作电压不小于 0.7 m。

5. 合理选用电气装置

从安全要求出发,必须合理选用电气装置,才能减少触电危害和火灾爆炸事故。电气设备主要根据周围环境来选择,例如,在干燥少尘的环境中,可采用开启式和封闭式;在潮湿和多尘的环境中,应采用封闭式;在有腐蚀性气体的环境中,必须采用密封式;在有易燃易爆危险的环境中,必须采用防爆式。

6. 装设漏电保护装置

装设漏电保护装置的主要作用首先是防止漏电引起的人身触电,其次是防止漏电引起的设备火灾以及检视、切除电源接地故障。有的漏电保护器还能够切除仪器设备运行的故障。

7. 保护接地与接零

(1)保护接地:保护接地就是把用电设备的金属外壳与接地体连接起来,使用电设备与大地紧密连接。

(2)保护接零:保护接零就是把电气设备在正常情况下不带电的金属部分与电网的零线紧密地连接起来。

(三)用电安全管理措施

为了营造一个安全有效、秩序良好的实验室环境,达到“科学、规范、安全、高效”的目的,应制定合理有效的用电安全管理措施。

1. 实验室职责

(1)实验人员负责电器的日常检查和报修工作。

(2)设备保障部门负责电器的维修工作。

2. 主要管理内容

(1)严格遵守电器使用规程,不准超负荷用电。

(2)使用电气设备时,必须检查连接无误后才可操作。

(3)开关电闸时,动作要迅速、果断和彻底,并使用绝缘手柄,以免形成电弧或火花,造成电灼伤。

(4)保险丝熔断时,应先检查电器并确保正常后,才能按规定更换新保险丝,再投入运行。严禁任意加大保险丝。

(5)电器或线路过热,应停止运行,断电后要检查处理。

(6)电器接线及线路必须保持干燥,并不得有裸露线路,以防漏电及伤人。禁止用铁柄刷子或湿布清洁电闸。

(7)实验中停电,应关闭一切正在使用的电器,只开一盏检查灯。恢复供电后再按规定重新通电工作。

(8)使用高压电源时(如电器实验),要按规定戴绝缘手套、穿绝缘靴,站在橡胶绝缘垫上,用专用工具操作。

(9)所有电气设备,不得私自拆动、改装、修理。

(10)室内有可燃气体或蒸气时,禁止开、关电器。

(11)电器开关箱内不准放置杂物,并注意定期检查漏电保护开关,以确保其灵活可靠。

(12)实验工作结束后,应切断总开关。

(13)发现人员触电,应立即切断电源,并迅速抢救。

四、实验室火灾扑救措施

(一)火灾扑救的一般原则

1. 报警早,损失少

报警应沉着冷静,及时准确:简明扼要地报出起火部门和部位、燃烧的物质、火势大小;如果拨打119火警电话,还必须讲清楚起火单位名称、详细地址、报警人的电话号码,同时派人到消防车可能来到的路口接应,并主动及时地介绍燃烧的性质和火场内部情况,以便迅速组织扑救。

2. 边报警,边扑救

在报警的同时,要及时扑救初起火。在初起阶段由于燃烧面积小,燃烧强度弱,放出的辐射热量少，是扑救的有利时机，只要不错过时机，用很少的灭火器材，如一桶黄沙，或少量水就可以扑灭。所以，就地取材、不失时机地扑灭初起火灾是极其重要的。

3. 先控制，后灭火

在扑救火灾时，应首先切断可燃物来源，然后争取灭火一次成功。

4. 先救人，后救物

在发生火灾时，如果人员受到火灾的威胁，应贯彻执行救人第一，救人与灭火同步进行的原则，先救人后疏散物资。

5. 防中毒，防窒息

在扑救有毒物品时，要正确选用灭火器材，尽可能地站在上风向，必要时要戴防毒面具，以防中毒或窒息。

6. 听指挥，莫惊慌

只有平时加强防火灭火知识学习，并积极参与消防训练，才能做到在发生火灾时不会惊慌失措。

（二）灭火的基本方法

1. 冷却法

降低燃烧物的温度，使温度低于燃点，使燃烧过程停止。如：用水和二氧化碳直接喷射燃烧物。

2. 窒息法

减少燃烧区域的氧气量。如用不燃的石棉被、麻袋等覆盖在燃烧物上；向燃烧物上喷射氮气或二氧化碳等气体以冲淡空气，使火焰熄灭。

3. 隔离法

使燃烧物和未燃烧物隔离，限制燃烧范围。

4. 抑制法

使灭火剂参与到燃烧反应过程中去，中断燃烧的连锁反应。如：向燃烧物上喷射 1211 等灭火剂。

（三）灭火器

1. 灭火器的分类

（1）按移动方式分类：手提式灭火器和推车式灭火器。

（2）按驱动灭火剂的动力来源分类：储气瓶式灭火器、贮压式灭火器、化学反应式灭火器。

（3）按充装的灭火剂分类：泡沫灭火器、干粉灭火器、二氧化碳灭火器、卤代烷灭火器、清水灭火器等。

（4）按灭火类型分类：A 类灭火器、B 类灭火器、C 类灭火器、D 类灭火器、E 类灭火器等。

2. 灭火器的认识

灭火器的外部可视零部件主要有筒体、阀门、开启阀门压把、提把、保险装置、喷嘴、铭牌标识等。灭火器的基本参数主要反映在灭火器铭牌上，它就像灭火器的说明书一样，能够清晰地告诉我们它的各项功能信息。依据《手提式灭火器　第 1 部分：性能和结构要求》（GB 4351. 1—2005）的规定，铭牌主要包含以下 11 个方面的内容：灭火器的名称、型号和灭火剂类型；灭火器的灭火种类和灭火级别；灭火器使用温度范围；灭火器驱动气体名称和数量或压力；灭火器水压试验压力（应永久性地标志在灭火器不受内压的底圈上）；灭火器认证标记；灭火器生产连续序号；灭火器生产日期；灭火器生产厂商信息；灭火器的使用方法，包括一个或多个图形说明，位于铭牌的明显位置；再充装说明和日常维护说明。图 1. 3 所示为 3 kg 手提贮压式 ABC 干粉灭火器。

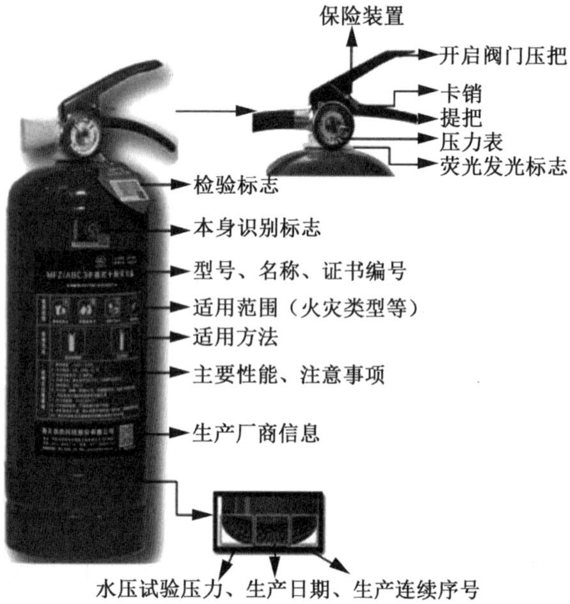

图 1. 3　3 kg 手提贮压式 ABC 干粉灭火器

（1）灭火器认证标志

灭火器瓶身有两个贴纸标志，其中一张为红色覆膜，另一张为黄色纸质，都是灭火器的“身份证”。红色覆膜为本身识别标志，直接贴在灭火器瓶身上，具有特殊的防伪性能，终身携带，无法被转移到别的灭火器上，可以用手机扫描登录中国消防产品信息网或者应急管理部消防产品合格评定中心网站，进行真伪查询；黄色纸质则为检验标志，挂在瓶嘴或是其他部位。

（2）灭火器型号

我国消防产品型号是按照《消防产品分类及型号编制导则》（XF/T 1250—2015）行业标准规定编制的，消防产品型号一般应由类别代号、品种代号、产品代号、特征和主参数代号、自定义代号等部分构成。类别代号和品种代号，分别由一位代表性文字大写汉语拼音字母表示。产品代号应按照同一品种内不重复的原则，由产品标准做出具体规定。特征和主参数代号用来划分产品规格，为可选代号，由产品标准做出具体规定。目前手提式灭火器型号按照《手提式灭火器第 1 部分：性能和结构要求》（GB 4351. 1—2005）标准编制，第一位是灭火器类别代号“M”；第二位是灭火剂的品种代号（S—水基灭火剂、P—泡沫灭火剂、F—干粉灭火剂、T—二氧化碳灭火剂、J—洁净气体灭火剂）；第三位如果是“C”代表车用灭火器（不是车用灭火器不需要写），如果是“Z”代表贮压式灭火器（不是贮压式灭火器不用写）；第四位是特定的灭火剂特征代号（不具有不用写，如：AR 是泡沫灭火剂具有扑灭水溶性液体燃料的特征）；最后一位数字是额定充装量(单位 kg/L),也代表灭火器规格,例如:型号 MPZ/AR6 含义是 6 L 手提贮压式抗溶性泡沫灭火器,MFZ/ABC3 含义是 3 kg 手提贮压式 ABC 干粉灭火器。推车式灭火器型号按照《推车式灭火器》(GB 8109—2005)标准编制,与手提式灭火器型号编制类似,区别只在第三位,第三位是“T”代表推车式,“T”后面如果有“Z”代表贮压式灭火器(不是贮压式灭火器不用写)。例如:MFTZ/ABC25 含义是 25 kg 推车贮压式 ABC 干粉灭火器,MFT/ABC5 含义是 5 kg 推车贮气瓶式 ABC 干粉灭火器。

(3)灭火器压力表

灭火器压力表可观测、判断额定工作压力值是否在正常范围之内。压力表上分为红、黄、绿三个区域,压力指针指向红区,表示该灭火器欠压,不能正常喷出灭火剂;压力指针指向黄区,表示该灭火器超压,有爆炸的危险;压力指针指向绿区,表示该灭火器压力正常,可以正常使用。压力表的字母代表灭火剂的品种代号。

(4)灭火器有效期

灭火器的底圈上一般会标注灭火器的生产日期、生产连续序号、水压试验压力。通过生产日期我们可以判断该灭火器是否处于有效期内,是否该进行相应的定期检测维修。按照《建筑灭火器配置验收及检查规范》(GB 50444—2008)和《灭火器维修》(GA 95—2015)标准的规定,灭火器定检维修年限:水基型灭火器,出厂 3 年首次检验,以后每年检验 1 次;干粉灭火器、洁净气体灭火器、二氧化碳灭火器,出厂 5 年首次检验,以后每 2 年检验 1 次。灭火器报废年限:水基型灭火器,6 年;干粉灭火器、洁净气体灭火器,10 年;二氧化碳灭火器,12 年。

3. 实验室常见灭火器材的使用方法

常见灭火器的性能及使用方法如下:

(1)干粉灭火器。各类灭火器中,以干粉灭火器(如图 1.4 所示)最为常见,大多数化学实验室都配备这类灭火器。

干粉灭火器内装的药剂是粉状磷酸铵盐或碳酸盐,适用于扑救各种易燃、可燃液体和易燃、可燃气体火灾,以及电气设备火灾。

干粉灭火器的使用方法:

①使用前,把灭火器上下颠倒几次,使筒内干粉松动;

②拉掉保险丝,拔出保险销;

③按下压把,干粉便会从喷嘴喷射出来;

④若有喷粉胶管的干粉灭火器,则一只手握住喷嘴,另一只手按下压把;

⑤在距起火点 5 m 左右处,放下灭火器。(在室外使用时,应占据上风向。)

图 1.4　干粉灭火器

注意事项:

①干粉灭火器在灭火过程中始终保持直立状态,不得横卧或颠倒使用,否则难以喷粉;

②防止复燃,因为干粉灭火冷却作用甚微,在着火点存在炽热物的条件下,灭火后易复燃;

③扑救液体火灾时,应从火焰侧面,对准火焰根部,由近到远,左右扫射,快速推进,直至把火焰全部扑灭;

④扑救容器内可燃液体火灾时,应从侧面对准火焰根部,左右扫射,不要把喷嘴直接对准

液面喷射，以防干粉气流冲击力使油液飞溅。

（2）二氧化碳灭火器

二氧化碳灭火器是将液态二氧化碳压缩在小钢瓶中，灭火时将其喷出，气体可以排除空气而包围在燃烧物体的表面或分布于较密闭的空间中，降低可燃物周围或防护空间内的氧气浓度，产生窒息作用而灭火。同时从容器中急速喷出时，会由液体迅速汽化成气体而从周围吸收部分热量，起到冷却的作用。二氧化碳灭火器有隔绝空气和降温的作用。

二氧化碳灭火器具有流动性好、喷射率高、不腐蚀容器和不易变质等优良性能，适用于扑救B类火灾（如煤油、柴油、原油甲醇、乙醇、沥青、石蜡等火灾）、C类火灾（如煤气、天然气、甲烷、乙烷、丙烷、氢气等火灾）、E类火灾（带电设备和精密电子仪器、贵重设备的火灾），由于灭火后不留痕迹，尤其适宜扑救家用电器火灾。二氧化碳灭火器不能扑救D类火灾（金属火灾）。

使用方法：

①灭火时将二氧化碳灭火器提到火场，距燃烧物5 m左右放下灭火器。

②拔掉保险丝，一只手握住喇叭形喷筒根部的手柄，把喷筒对准火焰；另一只手旋开手轮（鸭嘴式二氧化碳灭火器，压下压把），二氧化碳就会喷射出来。

③没有喷射软管的二氧化碳灭火器，把喇叭筒子上扳70°~90°。

④二氧化碳灭火器适用范围：一般适用于额定电压在600 V以下的带电设备、贵重设备及一般可燃液体的初起火灾。

注意事项：

①使用时不能直接用手抓住喇叭筒体外壁和金属连接管，防止手被冻伤。

②灭火器在喷射过程中保持直立状态，不可平放或颠倒使用。

③扑灭流淌液体火灾时，将二氧化碳灭火剂由近到远向火喷射。

④可燃液体在容器内燃烧时，从容器的一侧上部向燃烧的容器中喷射，不能使用二氧化碳射流直接冲击到可燃液面上。

⑤在室外使用二氧化碳灭火时，应选择在上风方向喷射。

⑥在室内狭小的空间使用，操作者使用后应迅速离开，以防窒息中毒。

（3）泡沫灭火器

泡沫灭火器内有两个容器，在内筒和外筒中分别盛放硫酸铝和碳酸氢钠溶液，两种溶液互不接触。平时千万不能碰倒泡沫灭火器。当需要使用泡沫灭火器时，把灭火器倒立，两种溶液便混合在一起，产生大量的二氧化碳气体：

$$Al_2(SO_4)_3+6NaHCO_3 = 3Na_2SO_4+2Al(OH)_3\downarrow+6O_2\uparrow$$

通常除了有两种反应物外，灭火器中还加入一些发泡剂。发泡剂能使泡沫灭火器在打开开关时喷射出大量二氧化碳以及泡沫，使其黏附在燃烧物品上，使燃烧着的物质与空气隔离并降低温度，达到灭火的目的。由于泡沫灭火器喷出的泡沫中含有大量水分，其灭火效果不如二氧化碳液体灭火器，后者灭火后不污染物质，不留痕迹。泡沫灭火器主要适用于扑救各种油类火灾及木材、纤维、橡胶等固体可燃物火灾。使用泡沫灭火器时，对应的操作是：取下灭火器；手提灭火器尽快到起火现场；一只手握提环，另一只手抓住底部；把灭火器颠倒过来，轻轻抖动几下；对准燃烧物喷出泡沫进行灭火。

（4）卤代烷灭火器

这类灭火器内充装卤代烷灭火剂，常见的是1211灭火器。

1211 灭火器的性能良好,应用范围广泛。它的灭火效率高,灭火速度快,以前是非常常用的灭火器之一。1211 灭火器主要不是依靠冷却、稀释氧或隔绝空气等物理作用来实现灭火的,而是通过其抑制燃烧的化学反应过程,中断燃烧的链反应而迅速灭火的,属于化学灭火。卤代烷的蒸气有一定的毒性,使用时应避免吸入蒸气和与皮肤接触,使用后应通风换气 10 min 以上,方可再进入使用区域。

(5)沙箱、灭火毯、湿抹布等

沙箱灭火主要是用沙子将火源与空气隔离而窒息灭火,适宜于油类火灾,特别是地表下油类火灾。灭火毯和湿抹布灭火也是利用将火源与空气隔离来窒息灭火的,适宜于实验室的初期小火。

(四)实验室常见防护设施

1. 实验室个体防护装置

(1)安全防护装备选择原则

实验室工作人员应根据不同级别安全水平和工作性质来选择个人防护装置并掌握正确的使用方法。《个体防护装备配备规范》(GB 39800.1~GB 39800.6)规定了个体防护装备选用的原则和要求。

个人防护装备如图 1.5 所示。

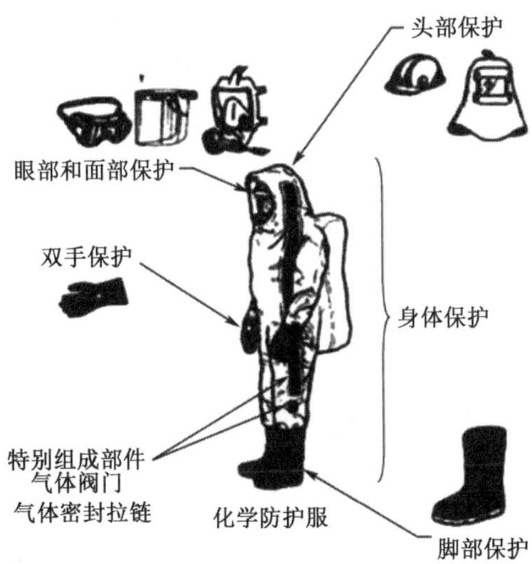

图 1.5 个人防护装备

(2)安全防护装备选择注意事项

①个人防护用品应符合国家规定的有关标准。

②在危害评估的基础上,按不同级别防护的要求选择适当的个人防护装备。

③个人防护装备的选择、使用、维护应有明确的书面规定、程序和使用指导。

④使用前应仔细检查,不使用标志不清、破损或泄漏的防护用品。

(3)安全防护装备

①眼睛防护(安全镜、护目镜)。

护目镜是一种起特殊作用的眼镜,使用的场合不同,对眼镜的需求也不同,如医院用的手术眼镜,电焊的时候用的焊接眼镜,激光雕刻中的激光防护眼镜等。防护眼镜在工业生产中又称作劳保眼镜,分为安全眼镜和防护面罩两大类,其作用主要是保护眼睛和面部免受紫外线、红外线和微波等电磁波的辐射,预防粉尘、烟尘、金属和沙石碎屑以及化学溶液溅射引起的损伤。常见护目镜样式如图 1.6 所示。

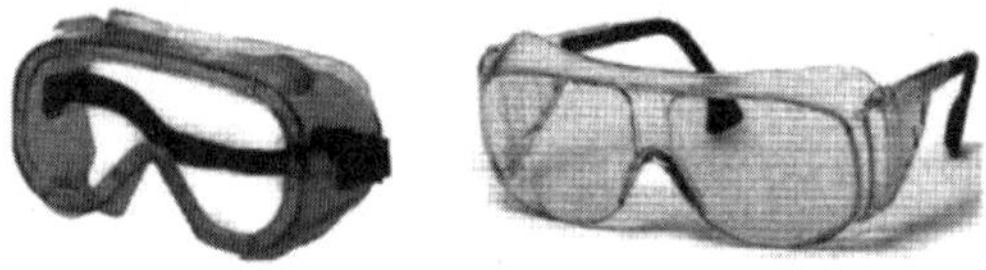

图 1.6　常见护目镜样式

护目镜主要种类及用途如下:

a. 防固体碎屑的护目镜:主要用于防御金属或沙石碎屑等对眼睛的机械损伤。眼镜片和眼镜架结构坚固,抗打击。框架周围装有遮边,其上应有通风孔。防护镜片可选用钢化玻璃胶质黏合玻璃或铜丝网防护镜。

b. 防化学溶液的护目镜:主要用于防御有刺激性或腐蚀性的溶液对眼睛的化学损伤。可选用普通平光镜片,镜框应有遮盖,以防溶液溅入。其通常用于实验室、医院等场所,一般医用眼镜即可通用。

c. 防辐射的护目镜:用于防御过强的紫外线等辐射线对眼睛的危害。镜片由能反射或吸收辐射线,但能透过一定可见光的特殊玻璃制成。镜片镀有光亮的铬、镍、汞或银等金属薄膜,可以反射辐射线;蓝色镜片吸收红外线,黄绿镜片同时吸收紫外线和红外线,无色含铅镜片吸收 X 射线和 Y 射线。比如常见的电焊眼镜,对镜片的透光率要求相对较低,所以镜片颜色多以墨色为主;激光防护眼镜,顾名思义,就是能防止激光对眼睛的辐射,所以对镜片要求很高,比如对光源的选择、衰减率、光反应时间、光密度、透光效果等,不同 λ 的激光就需要用不同波段的镜片。

②头面部及呼吸道防护(口罩、面罩、个人呼吸器、防毒面具、帽子)。

a. 口罩:目前实验室常用口罩样式如图 1.7 所示,大致种类主要有以下几种。

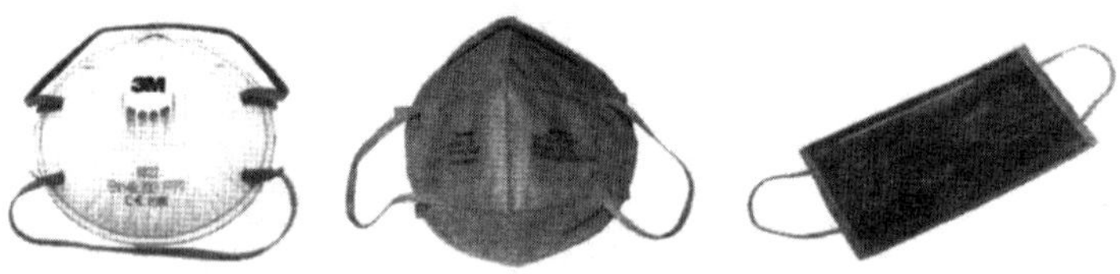

图 1.7　常用口罩样式

活性炭口罩:利用活性炭较大的表面积(500~1 000 m^2/g)、强的吸附性能,将其作为吸附介质制作而成的口罩。

空气过滤式口罩:其主要工作原理是使含有害物的空气通过口罩的滤料过滤净化后再被人吸入,空气过滤式口罩是使用最广泛的一类。空气过滤式口罩的结构分为两大部分,面罩的主体和滤材部分,包括用于防尘的过滤棉以及防毒用的化学过滤盒等。

美国国家职业安全卫生研究所(NIOSH)粉尘类呼吸防护标准 42CFR84,根据滤料种类,将口罩分为以下几个系列:

N 系列:防护非油性悬浮颗粒无时限。

R 系列：防护非油性悬浮颗粒及含油性悬浮颗粒时限 8 h。

P 系列：防护非油性悬浮颗粒及含油性悬浮颗粒无时限。

有些颗粒物的载体是有油性的，而这些物质附在静电无纺布上会降低电性，使细小粉尘穿透，因此对防含油气溶胶的滤料要经过特殊的静电处理，以达到防细小粉尘的目的。所以每个系列又划分为 3 个水平：95%、99%、99.97%（即为：95、99、100），总计有 9 小类滤料。

我国也出台了国家标准并对滤料进行了分类。

b. 防毒面具：实验室使用的主流防毒面具如图 1.8 所示，其主要包括以下几类。

过滤式防毒面具：它是一种能够有效地滤除吸入空气中的化学毒气或其他有害物质，并能保护眼睛和头部皮肤免受化学毒剂伤害的防护器材，是消防部队最常用的一种防毒面具。不同类型产品的基本结构和防毒原理相同，都是由滤毒罐、面罩和面具袋组成的。在使用这种防毒面具时，由于面具的呼吸阻力、有害空间和面罩的局部作用，对人体的正常生理功能造成不同程度的影响。

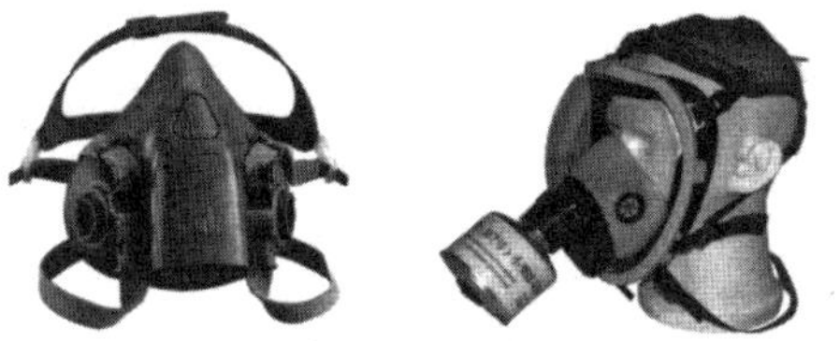

图 1.8 主流防毒面具

在平时，健康人员戴防毒面具尚可忍受，在一些特殊情况下，就可能会带来一定的恶果。因此，对不适合戴防毒面具的人员，应根据病情限制或禁止使用防毒面具。对患有心血管呼吸系统疾病，贫血、高血压、肾脏病等患者，应尽量缩短戴防毒面具的时间。

隔绝式防毒面具：是一种可使呼吸器官完全与外界空气隔绝，其中的储氧瓶或产氧装置产生的氧气供人呼吸的个人防护器材。隔绝式防毒面具与过滤式防毒面具相比，其优点是能有效地防护各种浓度的毒剂、放射性物质和致病微生物的伤害，并能在缺氧或含有大量一氧化碳及其他有害气体的条件下使用。隔绝式防毒面具的缺点是较笨重，使用复杂，容易发生故障且价格高昂。根据供氧方式，隔绝式面具可分为带氧面具和产氧面具两种。带氧面具的基本原理是人吸入钢瓶中经过减压的高压氧，呼出气中的二氧化碳和水蒸气被清洁罐中的氢氧化钾或钠石灰吸收，剩余的氧气又重新回到气囊中被再次利用。氧气用完以后更换氧气瓶，清洁罐失效时可换新。目前我们使用的带氧面具主要是氧气呼吸器，钢瓶中贮存可利用的压缩氧气，一次有效使用时间为 40~120 min。产氧面具的基本原理是利用人呼出的水汽和二氧化碳与面具内的生氧剂发生化学反应，放出氧气供人呼吸。这种面具产氧罐内的生氧剂主要有超氧化钠或超氧化钾，产氧面具的重量比带氧面具要轻些，使用也较简便。

③躯体防护（实验服、防化服等）。

a. 实验服：是指在实验时用于保护身体和里面衣服的工作服。一般都是长袖及膝，颜色一般为白色，故亦称白大褂。一般多以棉或麻作为制作材料，以便于用高温水洗涤。

b. 防化服：也称化学防护服，是用于防护化学物质对人体伤害的服装。该服装可覆盖整个或绝大部分人体，至少可提供对躯干、手臂和腿部的防护。防化服允许是多件具有防护功能服装的组合，也可和其他的防护装备匹配使用。

按照应用范围不同，防化服分为：

a. 消防员防化服：消防员在化学及化学火灾事故中穿着的服装。

b. 应急救援防化服：应急救援工作中作业人员所需要的防化服。

c. 日常作业防化服：日常生产中作业人员穿着的作业服，通常有分体式和连体式。

按照防护能力不同，防化服分为：

a. 气密型防化服：作业人员所需要的，带有头罩、视窗和手足部防护的，为穿着者提供对气态、液态和固态有毒有害化学物质防护的单件防化服类型。气密型防化服应配置自给式呼吸器或长管式呼吸器。

b. 非气密型防化服：作业人员所需要的，带有头罩、视窗和手部足部防护的，为穿着者提供对液态和固态有毒有害化学物质防护的单件防化服类型。非气密型防化服应配置自给式呼吸器或长管式呼吸器。

c. 液密型防化服：防护液态化学物质的防护服。液密型防化服可分为：喷射液密型、喷溅液密型。

d. 颗粒物防护服：防护散布在作业场所环境中颗粒物的防护服。

④手、足防护（手套、鞋套）。

实验室常用手套样式如图1.9所示。

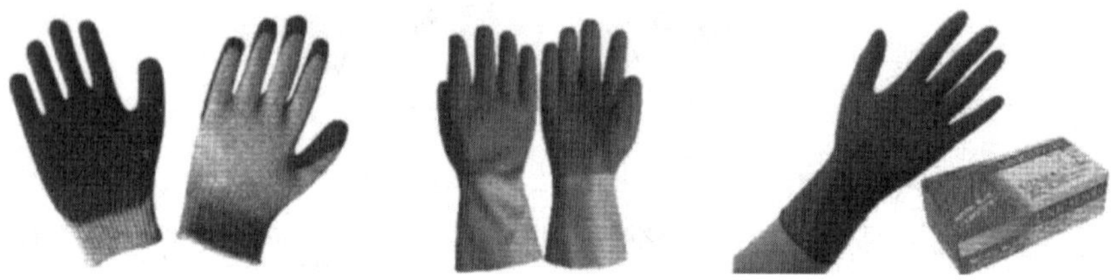

图1.9　实验室常用手套样式

在实验过程中，会根据不同实验过程选择合适的手套，以达到有效保护实验人员手部的目的，根据手套作用和手套材质进行分类，分别如表1.4、表1.5所示。

表1.4　按手套作用的分类

用途分类	主要介绍
一次性手套	其主要作用是保护使用者和被处理的物体。在使用时，对手指触感要求高的工作，如实验室清洁工作，可用乳胶、丁腈橡胶或聚氯乙烯（PVC）材料制成手套
化学防护手套	防止化学浸透。其由多种合成材料制成，如乳胶、聚氯乙烯（PVC）、丁腈、丁基合成橡胶、氯丁橡胶等
织布手套	织布手套的种类大致可分为：涤纶、锦纶、一级棉花制成的一般用途手套；配有凯夫拉（Kev-la）材料，大力马（Dyneema）材料以及钢材料的耐切割手套；小比例天然乳胶和莱卡纱并加入其他纤维制成的弹力手套；以及由热泡沫或者振动泡沫等材料制成的特殊用途手套（可分为超清洁手套和无菌手套）
一般用途手套	用于防磨损、刺穿、切割等，适用于搬运、处理物品等，常使用针织布、皮革或合成材料
防热手套	可隔热，用于高温工作环境，常使用厚皮革、特殊合成涂层、绝缘布、玻璃棉

表 1.5 按手套材质的分类

材质分类	主要介绍
天然橡胶(乳胶)	通常没有衬里,并有多种款式,包括清洁款式和无菌款式。这些手套能针对碱类、醇类以及多种化学稀释水溶液提供有效的防护,并能较好地防止醛和酮的腐蚀
聚氯乙烯(PVC)	防化学腐蚀能力强,几乎可以防护所有的化学危险品。加厚和处理后的表面(如毛面)也能防一般性的机械磨损,加厚型还可防寒。使用温度为-4~66 ℃
丁腈橡胶	通常分为一次性手套、中型无衬手套及轻型有衬手套,这种手套能防止油脂(包括动物脂肪)、二甲苯、聚乙烯以及脂肪族溶剂的侵蚀。还能防止大多数农药配方,常用于生物成分以及其他化学品的使用过程
氯丁橡胶	与天然橡胶的舒适度相似,但对石油化工产品、润滑剂却具有很好的防护作用,另外还具有很强的抗老化性能,抗臭氧和紫外线
丁基橡胶	仅作为中型无衬手套的材料
聚乙烯醇(PVA)	可作为中型有衬手套的材料,因此这种手套能针对多种有机化学品,如脂肪族、芳香烃、氯化溶剂、碳氟化合物和大多数酮(丙酮除外)、酯类以及醚类提供高水平的防护和抗腐蚀性
皮革	防机械磨损性能较好。厚皮可隔热,外层镀铝后可防高温及热辐射。喷涂革耐磨、防污
布	作为一般用途手套。使用者手指灵活,接触感良好。加厚的可用于防热、防寒。可防中、低等机械磨损。点珠类的布手套耐磨、防滑,可抓握湿滑物体

手套选择的合适与否,使用得正确与否,都直接关系到手的健康。在选择与使用过程中要注意以下几点:选用的手套要具有足够的防护作用;使用前,尤其是一次性手套,要检查手套有无小孔或破损、磨蚀的地方,尤其是指缝;使用中不要将污染的手套任意丢放;摘取手套一定要注意正确的方法,防止将手套上沾染的有害物质接触皮肤和衣服,造成二次污染;不要共用手套,共用手套容易造成交叉感染;戴手套前要洗净双手,摘掉手套后也要洗净双手,并擦点护手霜以补充天然的保护油脂;戴手套前要治愈或罩住伤口,阻止细菌和化学物质进入血液;不要忽略任何皮肤红斑或痛痒、皮炎等皮肤病,如果手部出现干燥、刺痒、起泡等,要及时请医生诊治。

⑤耳防护(听力保护器等)。常见的耳防护有耳塞和耳罩两大类,样式如图 1.10 所示。

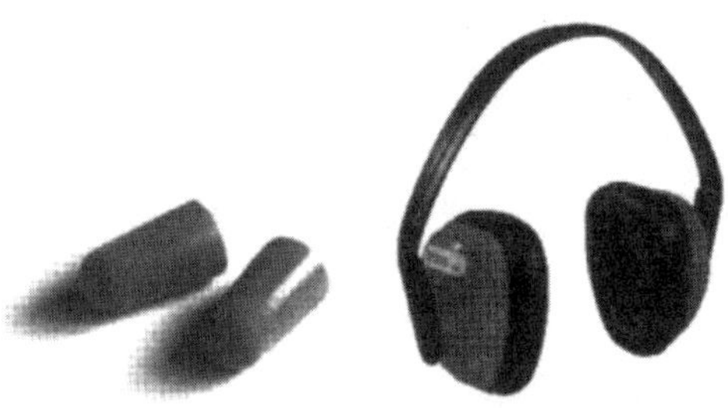

图 1.10 耳塞(左)和耳罩(右)样式

a. 耳塞是可以插入外耳道的有隔声作用的材料。耳塞按性能分为泡棉类和预成型两类。

泡棉类耳塞使用发泡型材料,压扁后回弹速度比较慢,允许有足够的时间将揉搓细小的耳塞插入耳道,耳塞慢慢膨胀将外耳道封堵起隔声作用。

预成型耳塞由合成类材料(如橡胶、硅胶、聚酯等)制成,预先模压成某些形状,可直接插入耳道。

b. 耳罩的形状像普通耳机,用隔声的罩子将外耳罩住,耳罩之间用有适当夹紧力的头带或颈带将耳罩固定在头上,也可以将插槽与安全帽配合使用。

2. 通风柜或通风橱

通风柜的功能中最主要的是排气功能,保证化学实验室高度的安全性和优越的操作性,其样式和主要组成部件如图 1.11 所示。在化学实验室中,实验操作时会产生各种有害气体、臭气、湿气以及易燃易爆、腐蚀性物质,为了保护实验人员的安全,防止实验中的污染物质向实验室扩散,在污染源附近要使用通风柜,要求通风柜应具有以下功能。

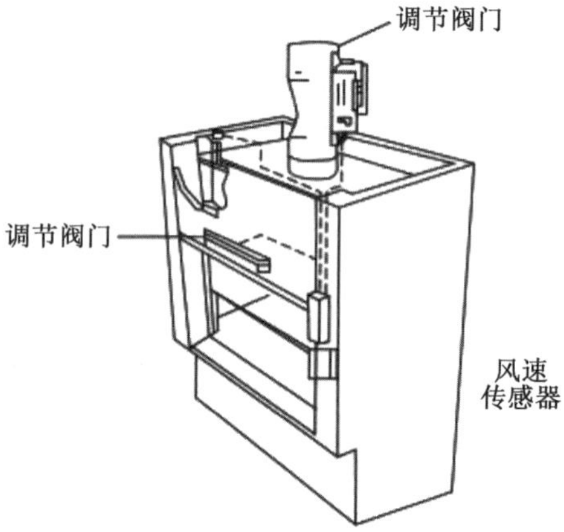

图 1.11　通风柜(左)和通风柜构造组成

(1)释放功能。应具备将通风柜内部产生的有害气体用吸收柜外气体的方式,使其稀释后排出室外的功能。

(2)防倒流功能。应具有在通风柜内部由排风机产生的气流将有害气体从通风柜内部反向流进室内的功能。

(3)隔离功能。在通风柜前面应具有不滑动的玻璃视窗将通风柜内外进行分隔。

(4)补充功能。应具有在排出有害气体时,从通风柜外吸入空气的通道或替代装置。

(5)控制风速功能。为防止通风柜内有害气体逸出,需要有一定的吸入速度。通常规定:无毒的污染物为 0.25~0.38 m/s,有毒或有危险的有害物为 0.4~0.5 m/s,剧毒或有少量放射性的污染物为 0.5~0.6 m/s,气状物为 0.5 m/s,粒状物为 1 m/s。

(6)耐热及耐酸碱腐蚀功能。通风柜内有的要安置电炉,有的实验产生大量酸碱等有毒有害气体,具有极强的腐蚀性。通风柜的台面、衬板、侧板及选用的水嘴、气嘴等都应具有防腐功能。

在通风柜使用过程中,需遵守以下规则和注意事项:

①使用前应检查电源、给排水、气体等各种开关及管路是否正常。

②打开照明设备,检查视光源及柜体内部是否正常。

③打开抽风机,运转 3 min,静听运转是否正常。

④依以上顺序检查时,如有问题,请立即暂停使用,并通知保养单位处理。

⑤关机前，抽风机应继续运转几分钟，使柜内废气完全排出。

⑥使用后应将柜体内外擦拭清洁，并关闭各种开关及视窗。

⑦实验室内在不使用通风柜时也要时常通风，这样对试验人员的身体健康有益。

⑧在使用通风柜时，每 2 h 进行 10 min 的补风（即开窗通风），使用时间超过 5 h 的，要敞开窗户，避免室内出现负压。

⑨在使用通风柜时，视窗离实验台台面高度不高于 1/3。

⑩禁止在未开启通风柜时在其内做实验。

⑪禁止在做实验时将头伸进通风柜内操作或查看。

⑫禁止通风柜内存放易燃易爆物品或进行相关实验。

⑬禁止将移动插排或电线放在通风柜内。

⑭禁止在通风柜内做国家禁止排放的有机物质与高氯化合物混合的实验。

⑮禁止在没有安全措施的情况下将所实验的物质放置在通风柜内实验，一旦出现化学物质喷溅出来，应立即将电源切断。

⑯移动上下视窗时，要缓慢操作，以免门拉手将手压伤。

⑰实验过程中，视窗离台面 10~15 cm 为宜。

⑱通风柜的操作区域要保持畅通，通风柜周围避免堆放物品。

⑲操作人员在不使用通风柜时，通风柜台面避免存放过多实验器材或化学物质，禁止长期堆放。

（五）实验室常见应急设施

1. 消防设施

爆炸和火灾是实验室安全事故的主要类型之一，占实验室安全事故的总比为 87%左右。在实验室安全事故中，火灾和爆炸往往会先后出现。火灾控制不及时可能引发爆炸事故，而爆炸事故发生后也往往会引起火灾。

对于高校来说，一套完整的实验室消防设施由火灾自动警示系统、消火栓、人员疏散设备或通道、灭火设施等组成。依据国家标准《建筑灭火器配置设计规范》（GB 50140—2005）的要求，不同类型实验室配置不同类型的消防器材。如：化学类实验室内需配备干粉灭火器，精密仪器室需配备二氧化碳灭火器。对于进行可燃金属化学反应的实验室还需配备灭火沙。此外，实验室还应配置足量灭火毯等工具，并确保每个人都能熟练应用。灭火器等防火设施应由专人负责定期实施检修、更换，避免在火灾真正发生时失灵。

2. 急救箱

实验室应设立常备急救箱，准备洗眼用药物、医用生理盐水、普通创伤处理物品。对于使用剧毒化学品的实验室，应根据所使用的剧毒品性能，准备相应的药物或催吐药物。配备药品急救箱可以在烧伤、烫伤、化学伤发生后进行紧急现场处理，减少对伤员的进一步伤害。化学类药品急救箱内配备碘消毒液、双氧水、硼酸溶液、碳酸氢钠溶液、烧伤敷料、烫伤膏、眼垫、洗眼液、冰袋、创可贴、医用弹性绷带和医用纱布块等。急救箱中的药品应定期检查，注意及时更换。

3. 紧急喷淋装置

紧急喷淋装置既有喷淋系统，又有洗眼系统。紧急喷淋装置主要适用于大型石油化工科研院校、电子行业、疾病预防控制中心等，其实物如图 1.12 所示。

图 1.12　紧急喷淋装置

(1)使用方法

眼部伤害：取下冲眼喷头防尘网，压下冲眼喷头阀门，将眼部移到冲眼喷头上方，根据出水高度调节眼部与出水喷头的距离。在眼部移至冲眼喷头出水上方时，喷出的水应清澈；冲洗时眼睛要睁开，眼珠来回转动；连续冲洗时间不得少于 15 min，再行就医治疗。

躯体伤害：脱去污染的衣物，取下冲眼喷头防尘网，压下冲眼喷头阀门。冲洗时不得隔着衣物冲洗伤害部位；连续冲洗时间不得少于 15 min，再根据实际情况决定是否就医治疗。

(2)安装和使用要求

①应该安装在危险源头的附近，最好在 10 s 内能够快步到达紧急喷淋装置的区域范围，到达紧急喷淋装置的直线距离为 10~15 m。

②尽量安装在同一水准面上，最好能够直线到达，避免越层救护。

③在紧急喷淋装置 1.5 m 半径范围内，不能有电气开关，以免发生电气短路。

④必须连接饮用水，严禁使用循环水或工艺水。

⑤进水口管径不小于 25 mm，确保出水量。

⑥只作为事故应急使用，严禁在常规情况下使用。

⑦器具放置点旁严禁悬挂、堆放物品。

⑧供水总阀必须常开，不得关闭。在安装紧急喷淋装置的周围需要有醒目的标志。清洗营救点必须进行清洁确认，并且清除所有障碍。

⑨喷淋头部至少持续 5~10 min；眼部和脸部的清洗至少持续 15 min。

第二章
分析化学实验的基本操作技术

第一节　滴定分析的仪器和基本操作

在滴定分析中,滴定管、容量瓶、移液管和吸量管是准确测量溶液体积的量器。通常体积测量相对误差比称量要大,而分析结果的准确度由误差最大的那项因素所决定。因此,必须准确测量溶液的体积以得到正确的分析结果。溶液体积测量的准确度不仅取决于所用量器是否准确,更重要的是取决于准备和使用量器是否正确。现将滴定分析常用器皿及其基本操作分述如下。

一、滴定管

滴定管是滴定时用来准确测量流出标准溶液体积的量器。它的主要部分管身是用细长而且内径均匀的玻璃管制成的,上面刻有均匀的分度线,下端的流液口为一尖嘴,中间通过玻璃旋塞或乳胶管连接以控制滴定速度。常量分析用的滴定管标称容量为 50 mL 和 25 mL,最小刻度为 0.1 mL,读数可估计到 0.01 mL。

滴定管(见图 2.1)一般分为两种:一种是酸式滴定管,另一种是碱式滴定管。酸式滴定管的下端有玻璃活塞,可盛放酸液及氧化剂,不宜盛放碱液。碱式滴定管的下端连接一橡皮管,内放一玻璃珠,以控制溶液的流出,下面再连接一尖嘴玻璃管,这种滴定管可盛放碱液,而不能盛放酸液或氧化剂等腐蚀橡皮的溶液。

滴定管的使用分为以下步骤。

(1)洗涤:使用滴定管前先用自来水洗,再用少量蒸馏水(每次用 5~6 mL)淋洗 2~3 次,洗净后,管壁上不应附着液滴;最后用少量滴定用的待装溶液洗涤 2 次,以免加入滴定管的待装溶液被蒸馏水稀释。

(2)装液:将待装溶液加入滴定管中到刻度“0”以上,开启旋塞或挤压玻璃球,把滴定管下端的气泡逐出,然后把管内液面的位置调节到刻度“0”。排气的方法如下:如果是酸式滴定管,可使溶液急速下流驱去气泡;如果是碱式滴定管,则可将橡皮管向上弯曲,并在稍高于玻璃珠所在处用两手指挤压,使溶液从尖嘴口喷出,气泡即可除尽(见图 2.2)。气泡排出后,调节液面在 0.00 mL 处,若实验开始前液面不在 0.00 mL 处,则应记下初读数。

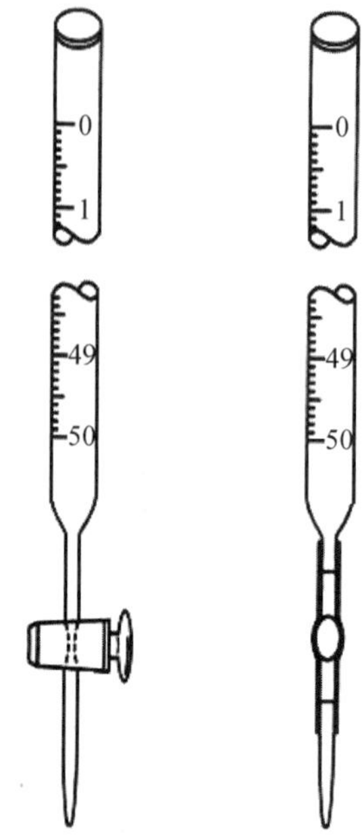

(a)酸式滴定管　　(b)碱式滴定管

图 2.1　滴定管

图 2.2　碱式滴定管排气

(3)读数:常用滴定管的容量为 50 mL,每一大格为 1 mL,每一小格为 0.1 mL,读数可读到小数点后两位。读数时,滴定管应保持垂直。视线应与管内液体凹面的最低处保持水平,偏低或偏高都会带来误差(见图 2.3)。要使读数清晰,也可在滴定管后面衬一张纸卡作为背景。偏高或偏低,都会因读不准而造成较大的误差。

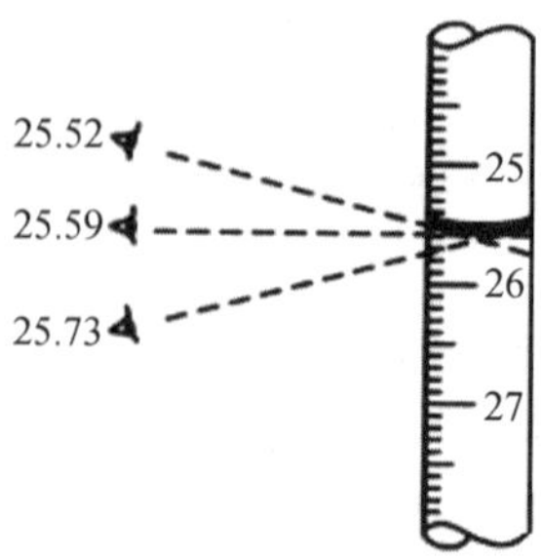

图 2.3　目光在不同位置得到的滴定管读数

(4)滴定:滴定操作一般是左手控制滴定管,右手拿锥形瓶,左手滴液,右手摇动(见图2.4)。使用酸式滴定管时,无名指和小指向手心弯曲并轻轻贴在活塞的出口部分,左手的拇指、食指和中指控制活塞的转动,注意不要向外用力,以免顶出造成漏液。使用碱式滴定管时,用左手的拇指和食指捏住橡皮管中的玻璃珠所在部位,向右侧挤捏橡皮管,使橡皮管和玻璃珠之间形成一条缝隙,溶液即可流出。注意不要捏玻璃珠下部的橡皮管,以免空气进入形成气泡而影响读数。刚开始滴定时的速度可稍快,但不能形成“水线”,临近终点时,滴速要慢,以半滴或1/4滴进行滴定,以免过量,并且用洗瓶挤少量水淋洗瓶壁,以免有残留的液滴未起反应。最后,必须待滴定管内液面完全稳定后,方可读数。

(a) (b)

图2.4 滴定操作

二、容量瓶

容量瓶主要是用来精确地配制一定体积和一定浓度的溶液的量器。容量瓶颈部的刻度线,表示在所指温度下,当瓶内液体到达刻度线时,其体积恰好与瓶上所注明的体积相等。瓶上标有“In”字样,属于量入式;瓶上标有“Ex”字样,属于量出式。

(1)容量瓶的检漏:使用前,先检查容量瓶是否漏水。检查的方法是:加自来水至标线附近,盖好瓶塞后,用左手食指按住瓶塞,其余手指拿住瓶颈标线以上部分,右手用指尖托住瓶底边缘。将瓶倒立2 min,如不漏水,将瓶直立,转动瓶塞180°后;再倒立2 min,如不漏水,洗净后即可使用。

(2)洗涤:先用自来水冲洗至不挂水珠,再用蒸馏水荡洗3次后备用。若不能洗净,需用洗液洗涤,再依次用自来水冲洗、蒸馏水荡洗。容量瓶系有刻度仪器,为防止玻璃在高温下变形,不允许将容量瓶烘干或加热。

(3)溶液的配制:将精确称量的试剂放入小烧杯中,加少量蒸馏水,搅拌使之完全溶解后,沿玻璃棒把溶液转移到容量瓶中(见图2.5)。然后用蒸馏水洗涤小烧杯3~4次,将洗液完全转入容量瓶中,加蒸馏水至容量瓶体积的2/3,按水平方向旋摇容量瓶数次,使溶液大体混匀,继续加蒸馏水接近标线时,可用滴管逐滴加水至溶液的弯月面与标线相切为止。最后旋紧瓶塞,用食指压住瓶塞,另一只手托住容量瓶底部,倒转容量瓶,加以摇荡,以保证溶液充分混合均匀(见图2.6)。

注意:若固体试剂需加热溶解,或物质溶解时放热,则不应使用直接溶入容量瓶的方法;容量瓶的瓶塞是磨口的,一般配套使用;容量瓶不能久贮溶液,尤其是碱性溶液,它会侵蚀瓶塞使其无法打开。也不能用火直接加热及烘烤,使用完毕后应立即洗净。如长时间不用,磨口处应洗净擦干,并用纸片将磨口隔开。

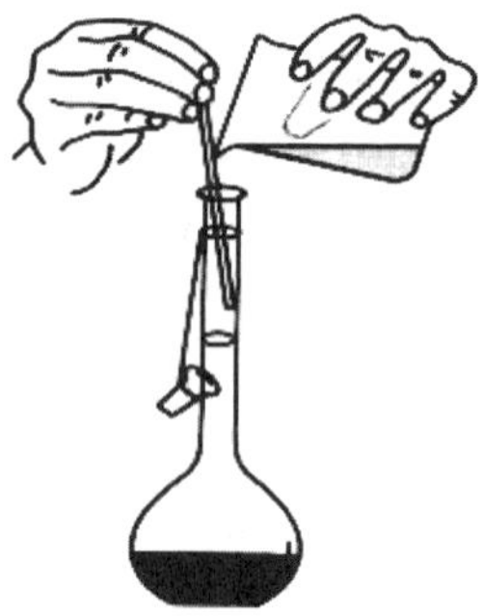

图 2.5　转移溶液入容量瓶

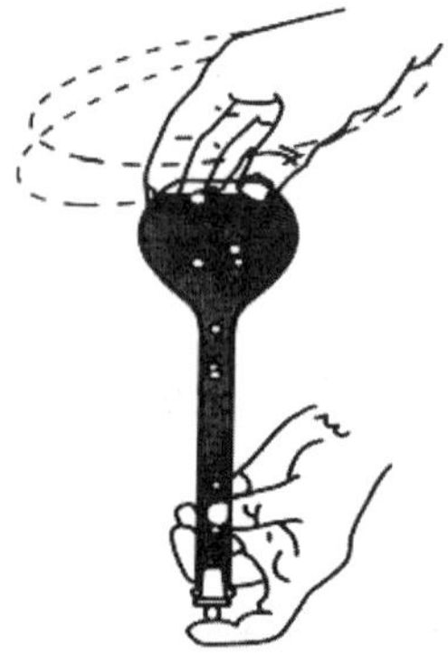

图 2.6　混匀操作

三、移液管

移液管用于准确移取一定体积的溶液。其通常有两种形状,一种移液管中间有膨大部分,称为胖肚移液管;另一种是直形的,管上有分刻度,称为吸量管。

吸液(如图 2.7 所示)时,用右手拇指和中指拿住移液管上端,将移液管插入待吸的液面下,左手拿洗耳球,压出洗耳球内的空气,将球的尖端对准移液管上口,然后慢慢松开左手指,使溶液吸入管内。待液面超过移液管刻度时,迅速移去洗耳球并用右手的食指按紧管口。将移液管提离液面,使管尖靠着容器壁,稍稍转动移液管,使液面缓缓下降至与刻度线相切,紧按食指使液体不再流出。

放液(如图 2.8 所示)时,将移液管移至接收溶液的容器中,使出口尖端靠着容器内壁,容器稍倾斜约 40°,移液管应保持垂直,松开食指,使溶液顺壁流下,待溶液流尽后,再等约 15 s,取出移液管。移液管若标有“吹”字,最后一滴要吹出。

残留于管尖内的液体不必吹出,因为在校正移液管时,未把这部分液体体积计算在内。

使用有刻度吸管时,应将溶液吸至最上刻度处,然后将溶液放出至适当刻度,两刻度之差即为放出溶液的体积。

图 2.7 移液管的吸液

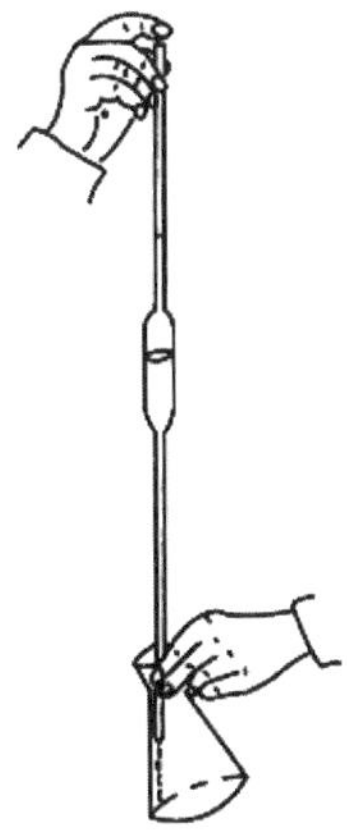

图 2.8 移液管的放液

第二节 固液分离基本操作

在分析化学(如混合物的分离、离子的分离和鉴定等)操作中,常常需要进行固体和液体分离的操作,固液分离常用的方法有三种。

一、倾析法

当沉淀结晶的颗粒较大或密度较大,静置后很快沉降至容器底部时,可将沉淀物上部的澄清液缓慢倾入另一容器中,即能达到分离的目的。

二、过滤法

过滤是分离沉淀常用的方法之一,可分为常压过滤、减压过滤和热过滤三种。

(一)常压过滤

1. 沉淀的过滤

根据沉淀在灼烧中是否会被纸灰还原及称量形式的性质,选择滤纸或玻璃滤器过滤。

(1)滤纸的选择。定量滤纸又称无灰滤纸(每张灰分在 0.1 mg 以下或准确已知)。由沉淀量和沉淀的性质决定选用大小和致密程度不同的快速、中速和慢速滤纸。晶形沉淀多用致密滤纸过滤,蓬松的无定形沉淀要用较大的、疏松的滤纸。

(2)滤纸的折叠和安放。根据滤纸的大小选择合适的漏斗,放入的滤纸应比漏斗沿低 0.5~1 cm,如图 2.9 所示,先将滤纸沿直径对折成半圆见图 2.9(a),再根据漏斗的角度的大小折叠[可以大于 90°,见图 2.9(b)]。折好的滤纸,一个半边为三层,另一个半边为单层,为使滤纸三层部分紧贴漏斗内壁,可将滤纸的上角撕下,见图 2.9(c),并留作擦拭沉淀用。将折叠好的滤纸放在洁净的漏斗中,见图 2.9(d),用手指按住滤纸,加蒸馏水至满,必要时用手指小心轻压滤纸,把留在滤纸与漏斗壁之间的气泡赶走,使滤纸紧贴漏斗并使水充满漏斗颈形成水柱,以加快过滤速度。

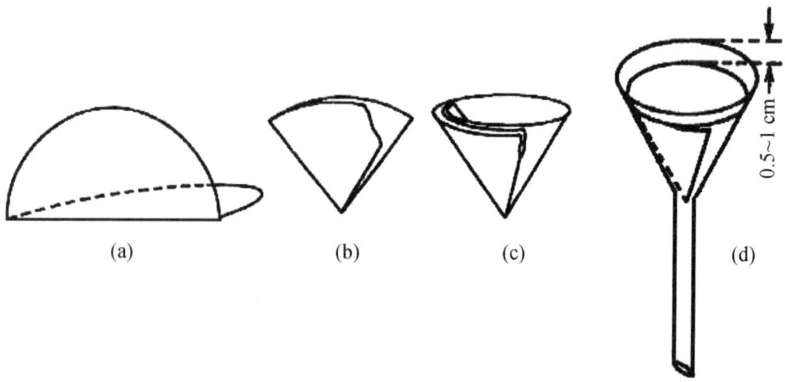

图 2.9　滤纸的折叠方法

(3)沉淀的过滤。一般多采用倾析法过滤。其操作如图 2.10 所示，将漏斗置于漏斗架之上，接收滤液的洁净烧杯放在漏斗下面，使漏斗颈下端在烧杯边沿以下 3~4 cm 处，并与烧杯内壁靠紧。先将沉淀倾斜静置，然后将上层清液小心倾入漏斗滤纸中，使清液先通过滤纸，将沉淀尽可能地留在烧杯中，尽量不搅动沉淀，操作时一手拿住玻璃棒，使其与滤纸近于垂直，玻璃棒位于三层滤纸上方，但不和滤纸接触。另一只手拿住盛沉淀的烧杯，烧杯嘴靠住玻璃棒，慢慢将烧杯倾斜，使上层清液沿着玻璃棒流入滤纸中，随着滤液的流注，漏斗中液体的体积增加，至滤纸高度的 2/3 处，停止倾注（切勿注满）。停止倾注时，可沿玻璃棒将烧杯嘴往上提一小段，扶正烧杯；在扶正烧杯以前不可将烧杯嘴离开玻璃棒，并注意不让沾在玻璃棒上的液滴或沉淀损失，把玻璃棒放进烧杯内，但勿把玻璃棒靠在烧杯嘴部。

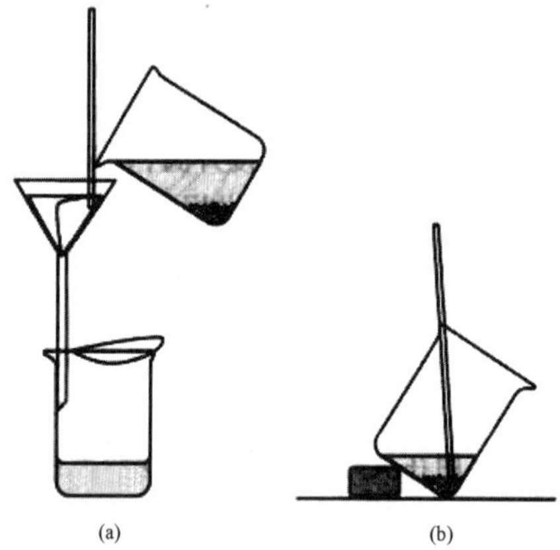

图 2.10　倾析法过滤操作及倾斜静置

2. 沉淀的洗涤和转移

(1)洗涤沉淀。一般采用倾析法，为提高洗涤效率，按“少量多次”的原则进行。即加入少量洗涤液，充分搅拌后静置，待沉淀下沉后，只将上面的清液倾入漏斗中，再重复操作数次后，将沉淀转移到滤纸上。

(2)转移沉淀。在烧杯中加入少量洗涤液，将沉淀充分搅起，立即将悬浊液一次性转移到滤纸中，然后用洗瓶吹洗烧杯内壁、玻璃棒，再重复以上操作数次。这时在烧杯内壁和玻璃棒上可能仍残留少量沉淀，可用撕下的滤纸角擦拭，放入漏斗中，然后按图 2.11 进行最后冲洗。

沉淀转移完全后，再在滤纸上进行洗涤，以除尽全部沉淀物。注意在用洗瓶冲洗时是自上而下螺旋式冲洗（如图 2.12 所示），以使沉淀集中在滤纸锥体最下部，重复多次，直至检查无沉淀物为止。

图 2.11 沉淀转移操作

图 2.12 在滤纸上洗涤沉淀

（二）减压过滤（抽滤）

减压过滤可以加速过滤，也可把沉淀抽吸得比较干燥，但不适用于胶状沉淀和颗粒细小的沉淀的过滤。因为此类沉淀可能透过滤纸或造成滤纸堵塞。

减压过滤装置由布氏漏斗、吸滤瓶、安全瓶和水泵（或油泵）组成。其原理是利用水泵（或油泵）将吸滤瓶中的空气抽出，使其减压，造成布氏漏斗的液面与瓶内形成压力差，从而提高过滤速度。为了防止倒吸，需要在水泵（或油泵）和吸滤瓶之间安装一个安全瓶，并且在过滤完毕时，应先拔掉吸滤瓶上的橡皮管，然后关闭水龙头（或油泵）。过滤前，先将滤纸剪成直径略小于布氏漏斗内径的圆形，平铺在漏斗上，恰好盖住漏斗的全部小孔，用少量水润湿滤纸，慢慢抽滤，使滤纸紧贴在漏斗瓷板上，用倾析法先将上部澄清液沿着玻璃棒注入漏斗中，最后将晶体或沉淀转入漏斗中，抽滤至无液体流下为止。

（三）热过滤

如果溶质在温度降低时易析出晶体，我们又不希望它在过滤时留在滤纸上，就要采用热过滤。热过滤通常是把玻璃漏斗放在铜制的、装有热水的漏斗内，以维持一定的温度，其余操作与常压过滤一样。

三、离心分离法

当被分离的沉淀很少，不能采用滤纸分离时，可以应用离心分离法。离心分离法所用的仪器是电动离心机。

将待分离的溶液放在离心试管中，再把离心试管装入电动离心机的套管中，位置要对称，重量要平衡。若仅离心一个样品，则在其对面的位置应放一个盛有等体积水的离心试管，否则会因重量不均衡而引起振动，造成机轴磨损。

开启电动离心机时，应先低速，逐渐加速，根据沉淀的性质决定转速和时间。关机后，应让电动离心机自然减速，决不可用手强制其停止转动。

第三章 分析化学基础性实验

实验一 电子天平的称量练习

一、实验目的

(1)了解电子天平的基本构造及使用规则,学会正确使用电子天平。
(2)掌握直接称量法和减量称量法的操作方法,学会使用干燥器与称量瓶。
(3)培养准确、整齐、简明记录实验原始数据的习惯。

二、电子天平的构造原理及特点

电子天平是一种现代化的称量仪器。它是根据电磁力与物质的重力相平衡的原理直接称量,全量程无须砝码。放上称量物后,在几秒钟内即可达到平衡,显示读数,称量速度快,精度高。但在使用电子天平时,要随使用地的纬度、海拔随时校正其 g 值,以获取准确的质量数。电子天平的支承点用弹性簧片取代机械天平的玛瑙刀口,用差动变压器取代升降枢装置,用数字显示代替指针刻度。因而,电子天平具有使用寿命长、性能稳定、操作简便和灵敏度高的特点。此外,电子天平还具有自动校正、自动去皮、超载指示、故障报警和质量电信号输出功能,且可与打印机、计算机联用,进一步扩展其功能,如统计称量的最大值、最小值、平均值及标准偏差等。由于电子天平具有机械天平无法比拟的优点,尽管其价格高昂,但也会越来越广泛地应用于各个领域并逐步取代机械天平。

三、实验仪器与试剂

1. 仪器

AB-N 型电子天平、托盘天平、小烧杯、干燥器、称量瓶等。

2. 试剂

Na_2CO_3(或其他固体试样)。

四、实验步骤

1. 使用电子天平称量前的准备工作

(1) 取下电子天平箱上的防尘布罩，叠好后平放在电子天平箱右后方的台面上。

(2) 称量时，操作者应面对天平端坐，记录本放在胸前的台面上。接收和存放称量试剂的器皿放在电子天平箱的左侧，保持该器皿的干燥和洁净。

(3) 如果待测试剂曾经加热或冷却过，必须将该试剂放置在电子天平箱附近一段时间，待该试剂的温度与天平箱内温度一致后再进行称量。

(4) 查看电子天平秤盘和底板是否清洁。秤盘上如有粉尘，可用软毛刷轻轻扫净；底板上如不干净，可用毛刷轻轻拂扫，也可用细布小心擦拭。

2. 调节底板水平

操作者站立，竖直向下观察水平仪，若水平仪的气泡不在圆圈的中心，则用手旋转电子天平底板下两个水平调节脚，以调节电子天平两侧的高度使气泡位于水平仪中心，达到水平为止。使用时不得随意挪动电子天平的位置。

水平泡在“3”点位置时，沿顺时针方向调节左脚，沿逆时针方向调节右脚；

水平泡在“6”点位置时，沿顺时针方向同时调节左脚和右脚；

水平泡在“9”点位置时，沿逆时针方向调节左脚，沿顺时针方向调节右脚；

水平泡在“12”点位置时，沿逆时针方向同时调节左脚和右脚。

3. 电子天平预热

接通电源，预热至规定时间(一般 20~30 min)后，开启显示器进行操作。

4. 电子天平调校(校准)

电子天平安装后，第一次使用前，应对电子天平进行校准。或由于存放时间较长、位置移动、环境变化以及未获得精确测量等原因，电子天平再次使用前应进行校准操作。校准步骤和方法如下：

(1) 准备好校准用的砝码。

(2) 让电子天平空载。

(3) 按住 Cal/Menu 键不放，直到电子天平显示出“Cal”字样后，松开该键。所需校准的砝码值会闪现。

(4) 将备好的校准砝码置于秤盘的中央。

(5) 出现“0.0000”g 字样时，移去砝码。

(6) 显示器闪现“Cal done”，接着又闪现“0.0000”g 时，电子天平的校准结束。电子天平自动回到称量工作方式，等待称量。

5. 称量样品

(1) 直接称量法

将待称量物置于秤盘上，待显示器中所显示的数字稳定后，即可读出称量物的质量值。

(2) 递减称量法

用减量称量法称取 3 份试样，每份 0.2~0.3 g。

先准备好纸带（约宽 1.5 cm，长 15 cm），用叠好的纸带取一只洁净的称量瓶置于电子天平秤盘上（见图 3.1），用药勺分数次取 Na_2CO_3 固体加入称量瓶中，盖好称量瓶盖子，记录称量瓶和试样的初始质量 m_1。用纸带将称量瓶取出，左手用纸带操作称量瓶，右手用纸带操作称量瓶的盖子。把 250 mL 烧杯放在台面上，将称量瓶移到烧杯口上部适宜位置，用盖子轻轻敲击倾斜着的称量瓶上口，使称量物慢慢落入烧杯中（见图 3.2）。估计倾倒出 0.2~0.3 g 试样后，将称量瓶竖直，仍在烧杯口上部，用称量瓶盖子敲击称量瓶上口，使称量瓶边沿的试样全部落入称量瓶中。然后把称量瓶放回到电子天平秤盘的中央，称其质量为 m_2。两次质量之差 (m_1-m_2) 即为所要称取的试样的质量 m，即 $m=m_1-m_2$。用上述操作方法，可称量出第二份试样和第三份试样的质量。

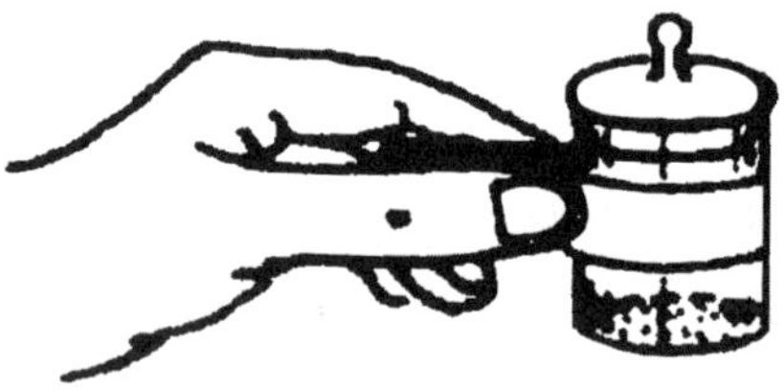

图 3.1　称量瓶移取操作

图 3.2　称量瓶内试样移取操作

6. 去皮称量

（1）在电子天平处于称量方式时，将空容器放在电子天平秤盘上，此时显示屏显示其质量数值。

（2）单击 O/T 键，进行去皮功能，此时显示屏显示数值为 0。

（3）再向空容器中加入试样，显示屏显示数值即为所加入试样的质量。

7. 称量完毕后的整理工作

（1）使用完电子天平后，取出称量试样及称量容器，关上电子天平电源。

（2）检查电子天平内外是否清洁，若有污物，用毛刷小心拂扫干净。

（3）关好电子天平门，罩好电子天平箱上的防尘布罩，切断电源，在电子天平使用登记本上登记，将座凳放回原位。

五、数据记录与处理（见表 3.1）

表 3.1　称量练习数据记录

称量质量/g	试样 1	试样 2	试样 3
倾出前 m_1（称量瓶+试样重）	18.653 0		
倾出后 m_2（称量瓶+试样重）	18.431 9		
试样重 m	0.221 1		

六、注意事项

（1）电子天平的心脏——重力电磁传感器簧片（一般共有 6~8 片）细而薄，极易受损，且电子天平的精度越高，其重力电磁传感簧片也越薄，所以在使用中应特别注意加以保护，不要向电子天平上加载重量超过其称量范围的物体，绝不能用手压秤盘或使电子天平掉落地上，以免损坏电子天平或使重力电磁传感簧片的性能发生变化。

(2)电子天平实际上是测量地球对放在秤盘上的物体的引力即重力的仪器，而由于地球经纬度的不同，各地的重力加速度并不相同，在使用地其称量准确度取决是否进行了正确的校正和是否校正了砝码的精度。

七、思考题

(1)直接称量法和减量称量法有何区别？这两种方法分别适合称量哪类样品？

(2)在实验中数据记录应准确至几位有效数字？为什么？

实验二　容量器皿的校准

一、实验目的

（1）学会滴定管、移液管和容量瓶的使用方法。

（2）了解容量器皿校准的意义，学习容量器皿的校准方法。

（3）进一步熟悉分析天平的称量操作及有效数字的运算规则。

二、实验原理

滴定管、移液管和容量瓶是分析实验室常用的玻璃容量器皿（简称量器），这些量器都具有刻度和标称容量，此标称容量是20 ℃时以水的体积为标准来标定的。合格产品的容量误差应小于或等于国家标准规定的容量允差。但由于不合格的产品、温度的变化、试剂的腐蚀等原因，量器的实际容量与它所标称的容量往往不完全相符，有时甚至会超过分析所允许的误差范围，若不进行容量校准会引起分析结果的系统误差。因此，在准确度要求较高的分析工作中，必须对量器进行校准。

特别值得注意的是，校准是技术性很强的工作，其操作要正确、规范。校准不当和使用方法不当都是产生容量误差的主要原因，其误差可能超过容量允差或量器本身的固有误差，而且校准不当的影响将更严重。所以，校准时必须仔细、正确地进行操作，使校准误差减至最小。凡是使用校准值的，其校准次数不可少于2次，2次校准数据的偏差应不超过该量器容量允差的1/4，并以其平均值作为校准结果。

由于玻璃具有热胀冷缩的特性，在不同的温度下量器的容量也有所不同。因此，校准玻璃量器时，必须规定一个共同的温度值，这一规定温度值为标准温度。国际标准和我国标准都规定以20 ℃为标准温度，即在校准时都将玻璃量器的容量校准到20 ℃时的实际容量，或者说量器的标称容量都是指20 ℃时的实际容量。

如果对校准的准确度要求很高，并且温度超出（20±5）℃，大气压力及湿度变化较大，则应根据实测空气的压力、温度求出空气的密度，然后利用下式计算实际容量

$$V_{20}=(I_L-I_E)\times[1/(\rho_W-\rho_A)]\times(1-\rho_A/\rho_B)\times[1-\gamma(T-20)]$$

式中：I_L——盛水量器的质量，g；

I_E——空量器的质量，g；

ρ_W——温度 T 时纯水的密度，$g\cdot mL^{-1}$；

ρ_A——空气的密度，$g\cdot mL^{-1}$；

ρ_B——砝码的密度，$g\cdot mL^{-1}$；

γ——量器材料的膨胀系数，K^{-1}；

T——校准时所用纯水的温度，℃。

上式引自国际标准 ISO 4787—1984《实验室玻璃仪器　玻璃量器容量的校准和使用方

法》。ρ_W 和 ρ_A 可从有关手册中查到，ρ_B 可用砝码的统一名义密度值 8.0 $g \cdot mL^{-1}$，γ 值则依据量器材料而定。

产品标准中规定玻璃量器采用钠钙玻璃（体膨胀系数为 $2.5\times10^{-5}\ K^{-1}$）或硼硅玻璃（体膨胀系数为 $1.0\times10^{-5}\ K^{-1}$）制造，温度变化对玻璃体积的影响很小。用钠钙玻璃制造的量器在 20 ℃时校准与 27 ℃时使用，由玻璃材料本身膨胀所引起的容量误差只有 0.02%（相对），一般可以忽略。

应当注意，液体的体积受温度的影响往往是不能忽略的。水及稀溶液的热膨胀系数比玻璃大 10 倍左右，因此，在校准和使用量器时必须注意温度对液体密度或浓度的影响。

量器采用两种校准方法：相对校准法（相对法）和绝对校准法（称量法）。

1. 相对校准法

在分析化学实验中，经常利用容量瓶配制溶液，用移液管取出其中一部分进行测定，最后分析结果的计算并不需要知道容量瓶和移液管的准确容量，只需知道两者的容量比是否为准确的整数，即要求两种容器的容量之间有一定的比例关系。此时对容量瓶和移液管可采用相对校准法进行校准。例如，25 mL 移液管量取的液体的体积应等于 250 mL 容量瓶量取的液体的体积的 10%。此法简单易行，应用较多，但必须在这两件量器配套使用时才有意义。

2. 绝对校准法

绝对校准法是测定量器的实际容量的一种方法。常用的校准方法为衡量法，又称称量法。即用天平称量被校准的量器量入或量出纯水的表观质量，再根据当时水温下的表观密度计算出该量器在 20 ℃时的实际容量。

由质量换算成容量时，需考虑以下三个方面的影响：

（1）温度对水的密度的影响；

（2）温度对玻璃量器的容量的影响；

（3）在空气中称量时空气浮力对质量的影响。

在不同的温度下查得的水的密度均为真空中水的密度，而实际称量水的质量是空气中进行的，因此必须进行空气浮力的校准。由于玻璃量器的容量亦随着温度的变化而变化，如果校准不是在 20 ℃时进行的，还必须加上玻璃量器随温度变化的校准值。此外还应对称量的砝码进行温度校准。

为了方便起见，将不同温度下真空中水的密度 ρ_t 和其在空气中的总校准值 ρ_t（空）列于表 3.2。根据表 3.2 可计算出任意温度下一定质量的纯水所占的实际容量。

例如，25 ℃时由滴定管放出 10.10 mL 水，其质量为 10.08 g，由表 3.2 可知，25 ℃时水的密度为 0.996 12 $g \cdot mL^{-1}$，故这一段滴定管在 25 ℃时的实际容量为：V_{25} = (10.08/0.996 12) mL ≈ 10.12 mL。滴定管这一段容量的校准值为(10.12−10.10) mL = +0.02 mL。

移液管、滴定管、容量瓶等的实际容量都可应用表 3.2 中的数据通过称量法进行校准。

温度对液体体积的校准：上述量器是以 20 ℃为标准进行校准的，严格来讲只有在 20 ℃时使用才是正确的。但实际使用不是在 20 ℃时，则量器的容量以及溶液的体积都会发生改变。由于玻璃的体膨胀系数很小，在温度相差不太大时，量器的容量改变可以忽略，但量取的液体的体积亦须进行校准。表 3.3 给出了不同温度下每 1 000 mL 水或稀溶液换算为 20 ℃时的体积修正值。

表 3.2 不同温度下的 ρ_t 和 ρ_t(空)

温度/℃	ρ_t/(g · mL^{-1})	ρ_t(空)/(g · mL^{-1})	温度/℃	ρ_t/(g · mL^{-1})	ρ_t(空)/(g · mL^{-1})
5	0.999 96	0.998 53	18	0.998 60	0.997 49
6	0.999 94	0.998 53	19	0.998 41	0.997 33
7	0.999 90	0.998 52	20	0.998 21	0.997 15
8	0.999 85	0.998 49	21	0.997 99	0.996 95
9	0.999 78	0.998 45	22	0.997 77	0.996 76
10	0.999 70	0.998 39	23	0.997 54	0.996 55
11	0.999 61	0.998 33	24	0.997 30	0.996 34
12	0.999 50	0.998 24	25	0.997 05	0.996 12
13	0.999 38	0.998 15	26	0.996 79	0.995 88
14	0.999 25	0.998 04	27	0.996 52	0.995 66
15	0.999 10	0.997 92	28	0.996 24	0.995 39
16	0.998 94	0.997 73	29	0.995 95	0.995 12
17	0.998 78	0.997 64	30	0.995 65	0.994 85

表 3.3 不同温度下每 1 000 mL 水或稀溶液换算为 20 ℃时的体积修正值

温度 T/℃	体积修正值 ΔV/mL		温度 T/℃	体积修正值 ΔV/mL	
	纯水或 0.01 mol · L^{-1} 溶液	0.1 mol · L^{-1} 溶液		纯水或 0.01 mol · L^{-1} 溶液	0.1 mol · L^{-1} 溶液
5	+1.5	+1.7	20	0	0
10	+1.3	+1.45	25	−1.0	−1.1
15	+0.8	+0.9	30	−2.3	−2.5

已知一定温度下的体积修正值 ΔV，可按下式将量器在该温度下所量取的体积 V_T 换算为 20 ℃时的体积

$$V_{20}=V_T(1+\Delta V/1\,000)$$

例如，若在 10 ℃进行滴定操作，用了 25.00 mL 物质的量、浓度为 0.1 mol · L^{-1} 的标准滴定溶液，换算为 20 ℃时体积应为

$$V_{20}=V_{10}(1+\Delta V/1\,000) = 25.00\times(1+1.45/1\,000)\ \text{mL}\approx 25.04\ \text{mL}$$

欲更详细、更全面地了解量器的校准，可参考 JJG 196—1990《常用玻璃量器检定规程》。

三、实验仪器与试剂

1. 仪器

分析天平、酸式滴定管（50 mL）、移液管（25 mL）、容量瓶（250 mL）、烧杯、温度计（0～50 ℃或 0～100 ℃，精度为 0.1 ℃，公用）、磨口锥形瓶（50 mL）、洗耳球。

2. 试剂

蒸馏水。

四、实验步骤

1. 滴定管的校准

准备好已洗净的待校准滴定管，并向滴定管中注入与室温平衡的蒸馏水至零刻度以上（可事先用烧杯盛蒸馏水，放在天平室内，并且在杯中插入温度计，测量水温，备用），记录水温（T），调至零刻度后，从滴定管中以正确操作放出一定质量的纯水于已称重且外壁洁净、干燥的 50 mL 锥形瓶中（切勿将水滴在磨口上）。每次放出的纯水的体积称为表观体积，根据滴定管的大小不同，表观体积的大小可分为 1 mL、5 mL、10 mL 等，50 mL 滴定管每次按每分钟约 10 mL 的流速，放出 10 mL[要求在(10±0.1) mL]，盖紧瓶塞，用同一台精度为万分之一的分析天平称其质量并称准至毫克位，直至放出 50 mL 水。每两次质量之差即为滴定管中放出水的质量。以此水的质量除以由表 3.2 查得的实验温度下经校准后水的密度 ρ_t(空)，即可得到所测滴定管各段的实际容量之差，求出每段滴定管的校准值和总校准值。每段重复一次，两次校准值之差不得超过 0.02 mL，其结果取平均值。将所得结果绘制成以滴定管读数为横坐标，以校准值为纵坐标的校准曲线。测量数据也可按表 3.4 记录和计算。

表 3.4　滴定管校准表（示例）

（水的温度为 25 ℃，水的密度为 0.996 12 g · mL^{-1}）

滴定管读数/mL	滴定管容量/mL	瓶与水的质量/g	水的质量/g	实际容量/mL	校准值/mL	累计校准值/mL
0.03		29.20（空瓶）				
10.13	10.10	39.28	10.08	10.12	+0.02	+0.02
20.10	9.97	49.19	9.91	9.95	−0.02	0.00
30.08	9.98	59.18	9.99	10.03	+0.05	+0.05
40.03	9.95	69.13	9.95	9.99	+0.04	+0.09
49.97	9.94	79.01	9.88	9.92	−0.02	+0.07

2. 移液管的校准

将 25 mL 移液管洗净，吸取蒸馏水至零刻度，将移液管中的水放至已称重的锥形瓶中，再称量，根据水的质量计算在此温度下移液管的实际容量。重复一次，两次校准值之差不得超过 0.02 mL，否则重新校准。测量数据按表 3.5 记录和计算。

表 3.5　移液管校准表

校准时水的温度（℃）：　　　　　　　　　水的密度（g · mL^{-1}）：

移液管的标称容量/mL	锥形瓶质量/g	锥形瓶与水的质量/g	水的质量/g	实际容量/mL	校准值/mL
25					

3. 容量瓶与移液管的相对校准

用已校准的移液管进行相对校准。用 25 mL 移液管移取蒸馏水至已洗净、干燥的 250 mL 容量瓶（操作时切勿让水碰到容量瓶的磨口）中，移取 10 次后，仔细观察溶液弯月面下缘是否与标线相切，若不相切，可用透明胶带另做一新标记。经相互校准后的容量瓶与移液管均做以上相同标记，经过相对校准后的移液管和容量瓶应配套使用，因为此时移液管取一次溶液的体积是容量瓶容量的 1/10。由移液管的实际容量也可知容量瓶的实际容量（至新标线）。

五、数据记录与处理

参照本实验中的表格自行设计。

六、讨论与思考

1. 注意事项

（1）校准量器时，必须严格遵守量器的使用规则。

（2）称量锥形瓶时不得用手直接拿取。

2. 思考题

（1）为什么要进行量器的校准？导致量器容量刻度不准确的主要因素有哪些？

（2）为什么在校准滴定管时称量只要称到毫克位？

（3）利用称量水法进行量器校准时，为何要求水温和室温一致？若两者有稍微差异时，以哪个温度为准？

（4）本实验从滴定管放出纯水于称量用的锥形瓶中时应注意哪些问题？

（5）滴定管有气泡存在时对滴定有何影响？应如何除去滴定管中的气泡？

（6）使用移液管的操作要领是什么？为何要竖直流下液体？为何放完液体后要停留一定的时间？最后留在移液管尖部的液体应如何处理？为什么？

实验三　滴定分析基本操作练习及酸碱标准溶液配制

手动滴定法

一、实验目的

(1)认识滴定分析常用的仪器并掌握正确的使用方法。

(2)了解标准溶液的配制方法。

二、实验原理

标准溶液是指已知准确浓度的溶液。其配制方法通常有两种:直接法和标定法。

1. 直接法

准确称取一定质量的物质,经溶解后定量转移到容量瓶中,并稀释至刻度,摇匀。根据称取物质的质量和容量瓶的体积即可算出该标准溶液的准确浓度。适用此方法配制标准溶液的物质必须是基准物质。

2. 标定法

大多数物质的标准溶液不宜用直接法配制,可选用标定法,即先配成近似浓度的溶液,再用基准物质或已知准确浓度的标准溶液标定其准确浓度。HCl 和 NaOH 标准溶液在酸碱滴定中最常用,其浓度一般为 0.01~1.00 $mol \cdot L^{-1}$,通常配制 0.1 $mol \cdot L^{-1}$ 的溶液。但由于浓 HCl 容易挥发,NaOH 易吸收空气中的 H_2O 和 CO_2,不符合直接法配制标准溶液的要求,所以只能采用标定法配制相应的标准溶液;也可用已知准确浓度的酸或碱标准溶液来标定碱或酸的浓度,如通过滴定得到 $V(NaOH):V(HCl)$ 的值,由标定出的 HCl 溶液的浓度 c(HCl)可算出 NaOH 溶液的浓度 c(NaOH)。

三、实验仪器与试剂

1. 仪器

滴定管(50 mL,酸式、碱式各 1 支)、容量瓶(250 mL)、移液管(25.00 mL,20.00 mL,10.00 mL)、容量瓶(500 mL,250 mL)、锥形瓶(3 个)、水瓶、毛刷若干、锥形瓶(50 mL,具有玻璃磨口塞或橡皮塞)、橡皮膏或透明胶纸、托盘天平、分析天平等。

2. 试剂

固体 NaOH(AR)、浓 HCl 溶液(密度为 1.19 $g \cdot cm^{-3}$)、酚酞乙醇溶液(0.2%)、甲基橙水溶液(0.2%)。

四、实验步骤

(一)滴定仪器的使用

1. 洗涤

先用洗衣粉或去污粉洗涤,并用自来水冲洗;然后,用铬酸洗液洗涤;最后,用蒸馏水或去离子水洗涤。洗涤干净的标准是:水不成滴或成股流下而形成一层均匀的薄膜。

注意:铬酸洗液必须回收,千万不能倒入水池,以防污染环境。

2. 酸式滴定管、碱式滴定管的使用练习

(1)检漏:将酸式滴定管、碱式滴定管加满水至零刻度,静止放在滴定管架上几分钟,然后用滤纸检验尖嘴和旋塞位置是否有水。

酸式滴定管漏水时必须涂凡士林,其操作方法如下:

用手将凡士林涂在活塞的大头上,另用火柴杆或玻璃棒将凡士林涂在活塞套小头的内壁上,均匀涂上薄薄的一层,将活塞直接插入活塞套中,然后,沿同一方向旋转活塞,直至全部呈透明状为止。多涂的凡士林必须用滤纸擦掉。

碱式滴定管如果漏水要更换乳胶管或移动玻璃球的位置。

(2)排空:酸式滴定管下斜15°~30°排空;碱式滴定管两边均成45°上翘排空,手指握住玻璃球上部1/3处,否则总会留下一段气泡。

(3)安放:①滴定管的刻度面向自己;②滴定台离自己胸前15~20 cm;③管尖与锥形瓶距离2 cm。

(4)加液与调零:加液时直接加入,不能用移液管、滴定管加入;调零时两手指轻轻握住滴定管的无刻度处的最上端,让滴定管自然竖直,“三点一线”慢速放出溶液。

(5)滴液:采用三指法,即左手的三个指头(大拇指、食指、中指)内外握住旋塞,右手三个手指握锥形瓶。锥形瓶稍倾斜,并将管尖伸入锥形瓶中1 cm左右,按顺时针方向旋转锥形瓶。

3. 移液管的使用

(1)移液管无论是移液还是放液均保持竖直状态。

(2)移液时,管尖必须离开液面,且与容器内壁接触。

(3)放液时,管尖与锥形瓶内壁相靠,放完后要停留3 s,并旋转几次。

(4)千万不能用洗耳球吹取移液管中的残液。

4. 容量瓶的使用

(1)选择大小符合要求的容量瓶。

(2)注意定容操作。

(3)摇匀。

(4)转移试液要多次少量洗涤,尽可能地全部转入容量瓶中。

(二)酸碱标准溶液的配制

(1)0.1 mol · L^{-1} NaOH标准溶液的配制。计算配制500 mL 0.1 mol · L^{-1} NaOH标准溶液时固体NaOH的用量。在托盘天平上按计算值称取固体NaOH后,放入100 mL烧杯中,加50 mL蒸馏水,使之溶解;转移至500 mL洁净的试剂瓶中,再加入450 mL蒸馏水,用橡皮塞塞好

瓶口，摇匀，贴上标签。

(2)0.1 mol·L^{-1} HCl 标准溶液的配制。计算配制 500 mL 0.1 mol·L^{-1} HCl 标准溶液时浓 HCl 溶液(12 mol·L^{-1})的用量。用 10 mL 量筒按计算值量取浓 HCl 溶液，并倒入 500 mL 试剂瓶中，用蒸馏水稀释至 500 mL，塞上玻璃塞，摇匀，贴上标签。

五、数据记录与处理

自行认真记录实验数据。

六、讨论与思考

1. 注意事项

(1)NaOH 易吸水，称量动作要快。

(2)滴定时滴液不能呈线状，而应呈滴状。

(3)正确使用酸式滴定管。如检查是否漏滴，气泡的排除，近终点时如何控制一滴、半滴的操作。

(4)滴定终点时必须用洗瓶吹洗锥形瓶一圈，且半分钟不褪色。

(5)滴定管读数必须保留小数点后两位，遵守有效数字取舍原则进行估计读数。

(6)消耗的溶液体积数据之间(平行三个数据)的差值不能大于 0.04 mL。

2. 思考题

(1)用滴定管装标准溶液之前，为什么要用标准溶液润洗 2~3 次？所用的锥形瓶是否也需用标准溶液润洗？为什么？

(2)用 50 mL 的滴定管时，若滴定第一份试液用去 20 mL，管内还剩 30 mL，滴定第二份试液时(也需约 20 mL)，是继续用剩余的溶液滴定，还是将溶液添加至零刻度再滴定？为什么？

(3)配制 NaOH 标准溶液时，应选用何种天平称取试剂？为什么？

(4)HCl 和 NaOH 标准溶液能直接配制准确浓度吗？为什么？

基于计算机视觉的滴定法

一、实验目的

(1)通过 pH 变化曲线的绘制，理解酸碱中和滴定的 pH 变化规律。

(2)通过本实验了解数字传感器在化学实验中的应用，并掌握其使用方法。

(3)让学生了解中和反应时的 pH 与酸碱强弱的关系，并对普通滴定实验中指示剂的选用有正确的理解。

二、实验原理

酸碱滴定是利用酸和碱之间的中和反应来确定物质的含量。在滴定过程中，一种溶液(通常是酸或碱)被逐渐加入另一种溶液(通常是碱或酸)中，直到达到化学计量点，即两种溶液恰好完全反应，此时，溶液的颜色会发生明显的变化，通常称为终点。本次实验借助计算机视觉技术，通过模拟人类视觉系统来提取和处理图像中的信息。在酸碱滴定实验中计算机视觉系统可以实时捕获滴定过程中溶液的颜色变化的图像，并对这些图像进行预处理、特征提取和分类识别。通过比较不同时刻的图像，系统可以自动判断滴定终点，并记录。

三、实验仪器与试剂

计算机及相关软件、数据采集器、pH 传感器、磁力搅拌器、光电门传感器、250 mL 烧杯、50 mL 酸式滴定管、50 mL 碱式滴定管、移液管（25. 00 mL，20. 00 mL，10. 00 mL）、容量瓶（500 mL，250 mL）、锥形瓶（3 个）、铁架台、中和滴定固定板（可用两个铁夹代替）、量筒、固体 NaOH（AR）、浓 HCl 溶液（密度为 1. 19 g · cm^{-3}）、酚酞乙醇溶液（0. 2%）、甲基橙水溶液（0. 2%）、pH 标准溶液、传感器连接线若干、USB 连接线等。

四、实验软硬件安装说明及清单

下面详细介绍了基于计算机视觉的酸碱滴定装置的硬件安装方法。

1. 硬件清单（见表 3.6）

表 3.6　硬件清单

装置名称	装置图片	数量
42 步进电机		1
电机控制模块	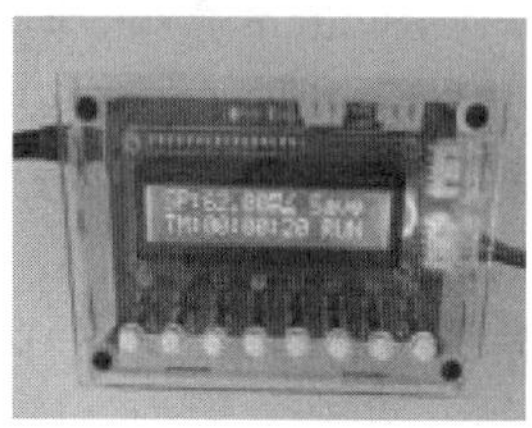	1
12 V 电源适配器		1
USB 摄像头		1

（续表）

装置名称	装置图片	数量
TTL 通信模块	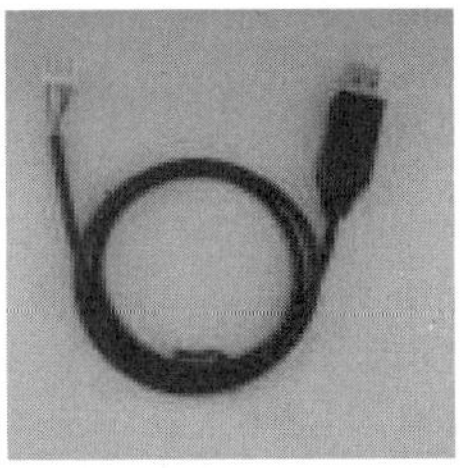	1
资料 U 盘		1
电机驱动线		1
活塞夹具	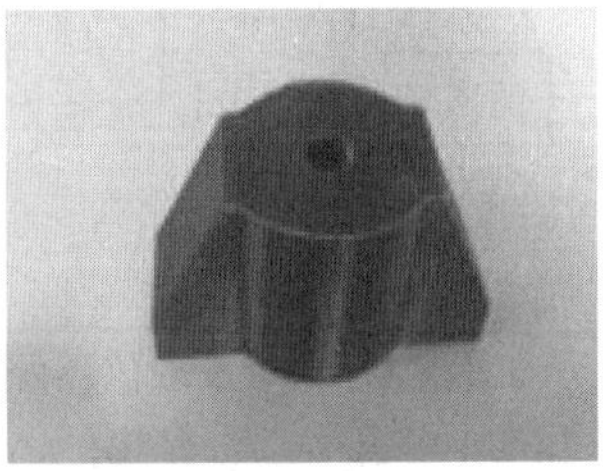	1
磁力搅拌器	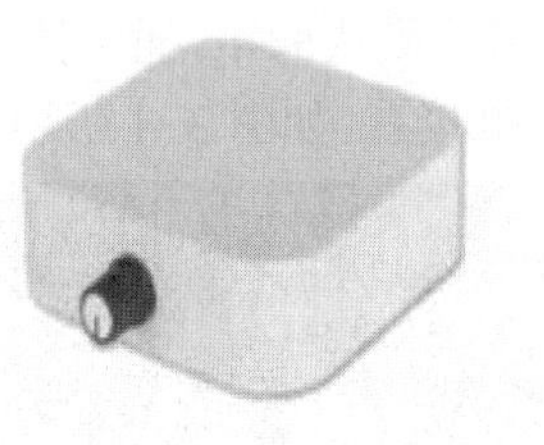	1
十字夹及两爪夹	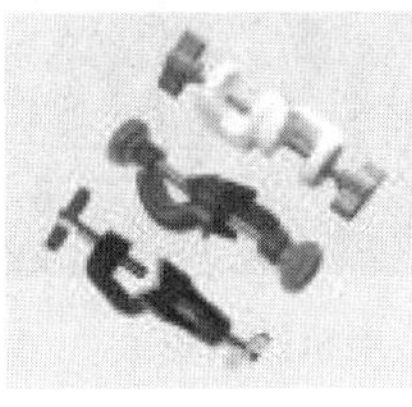 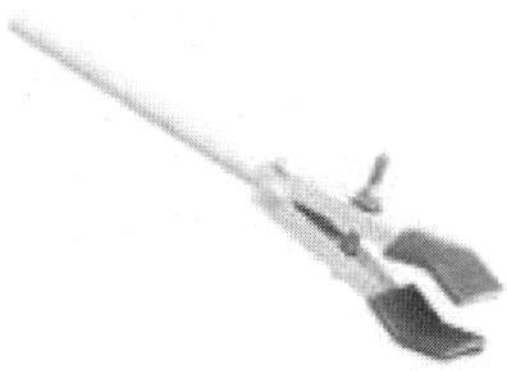	1

(续表)

装置名称	装置图片	数量
滴定架、滴定管、锥形瓶及试剂等		1

2. 硬件安装

(1)装置安装环境:本装置为化学反应仪器配套装置(见图 3.3),请在符合化学实验要求的实验室内安装,并在使用时有化学相关专业专职教师或工程师在场以保证实验安全。

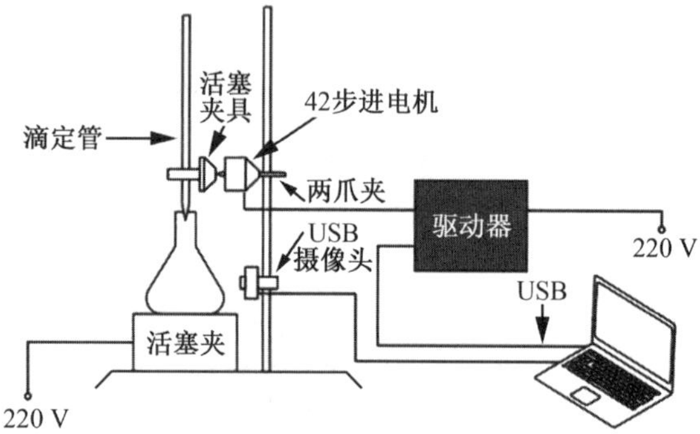

图 3.3　化学反应仪器配套装置

(2)电机控制装置的安装和连接:将 12 V 电源连接到电机控制器电源插座上,另一端连接 220 V 交流电源。将 TTL 通信模块的 4p 插头插入电机控制器的通信接口,将电机驱动线的 4p 插头插入电机控制器的电机接口,如图 3.4 所示,请注意不要接错。

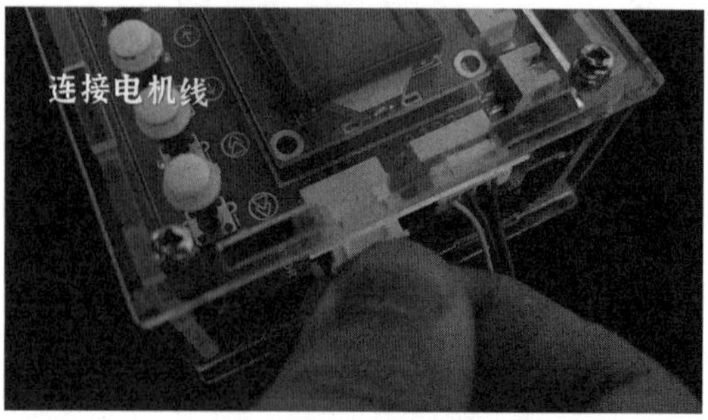

图 3.4　电机控制器

注意:42 步进电机的接口顺序会影响电机能否正常驱动,请注意接线方向不要弄错,若自行换用其他步进电机或电机驱动线,可能会导致设备损坏。因为 TTL 串口线连线错误极易导致设备损坏，我们换用了 4p 接口，以避免接线错误，若自行使用其他 TTL 串口线，连接前请一定找准针脚定义，尤其是 GND 一定不能接在有电压的针脚上，RX 和 TX 端也不要接在 VCC 针脚上。

(3)滴定架及电机的安装：请先按照标准方法连接滴定架，如果可以，请在滴定管下方留出足够的空间用于放置磁力搅拌器和锥形瓶。用十字夹将两爪夹固定在与滴定管阀门高度相同的位置，并打开两爪夹，将夹持位置设置到滴定管阀门前适当位置。将 42 步进电机转动轴与滴定管活塞夹具连接（通常已经预连接好），并将电机驱动线 6p 端口与 42 步进电机连接。将滴定管活塞夹具对准滴定管阀门卡紧，最后用两爪夹夹住 42 步进电机即可（如图 3.5 所示）。

图 3.5 滴定架及 42 步进电机的安装示意图

3. 软件安装

(1)安装 U 盘

U 盘上，有 python3.10.11、Pycharm 社区版，Anaconda 的 exe 安装包，可根据自身情况使用。

U 盘中的文件夹 Auto_Titration（如图 3.6 所示），其中包含的文件和文件夹为

名称	修改日期	类型	大小
.idea	2024/4/7 20:54	文件夹	
assets	2024/3/22 15:04	文件夹	
Auto_Ctrl	2024/4/7 17:59	文件夹	
ch340驱动	2024/3/22 14:53	文件夹	
Input	2024/3/22 16:01	文件夹	
Picture_Train	2024/3/22 16:08	文件夹	
sscom32	2024/3/22 14:53	文件夹	
__init__.py	2024/3/22 8:39	Python 源文件	0 KB
LICENSE	2024/3/22 10:25	文件	10 KB
ReadMe.md	2024/3/22 16:09	Markdown 源文件	3 KB
setup.py	2024/4/11 14:52	Python 源文件	3 KB

图 3.6 文件夹 Auto_Titration

Auto_Ctrl 文件夹里面包含的是滴定控制程序和依赖项。本软件包中使用的是 COM 串口接电机控制板，电机控制滴定管开度的“致敬经典”方案。详情参见此文件夹中的 ReadMe.md 文件。

Picture_Train 文件夹里面包含的是权重训练程序、训练集、测试集以及依赖项。本软件包中使用的是 Resnet34 网络的训练程序。详情参见此文件夹中的 ReadMe.md 文件。

LICENSE 文件包含了项目的许可协议。它告诉用户和其他开发者如何使用、修改和分发代码。Python 包通常使用开源许可协议，如 MIT、BSD、Apache2.0 或 GPL 等。在 LICENSE 文件中，包含完整的许可协议文本，确保用户明确了解他们使用代码的权利和义务。

ReadMe. md 文件是项目的文档说明,它向用户提供了关于项目的详细信息。ReadMe. md 文件通常以 Markdown 格式编写(文件扩展名为. md),这样它可以在 GitHub 等平台上以易于阅读的格式呈现。在 PyPI 上发布文件包时,ReadMe 文件的内容也可以作为项目的长描述显示。

setup. py 文件是 Python 包的构建和分发脚本。它使用 setuptools 或 distutils 库来定义包的元数据、依赖项和其他分发设置。安装时,setup. py 文件会被执行,确保所有必要的组件都被正确安装。

Input 文件夹里面放了我们之前拍的许多照片,大家可以拿来做训练集。最后介绍一下软件包里附带的两个驱动文件。

ch340 驱动文件夹里放的 exe 文件是 USB 转 TTL 串口工具的驱动,安装完成后重启计算机,即可在设备管理器里面查看该通信模块的串口号。

sscom32 文件夹里面是串口调试工具。

视频教程可以参考 assets 文件夹内的视频文件。

(2)需预先安装的软件

①解释型、面向对象、动态数据类型的高级程序设计语言:Python

推荐版本:Python3. 10(不同版本的 python 可能支持的库不同,Python3. 10 是我们试过所需库都可以使用的版本)。

②高效的 Python 集成开发环境(IDE):PyCharm。

③强大的 python 工具包和环境管家:Anaconda。

④利用显卡提高运算能力:CUDA。

(3)Python 环境及软件包配置

首先我们建议将上面提到的 Auto_Titration 文件夹移动至计算机的本地目录下,建议不要使用中文路径。然后使用 Pycharm(或其他编译器)将整个文件夹作为 Python 项目打开。因为有 setup 文件存在,编译器可能会提醒你使用 setup. py 文件创建虚拟环境(如图 3.7 所示),点击“确定”即可自动配置环境。

图 3.7　Python 环境及软件包配置

如果编译器没有弹出相关弹窗或是安装失败,你仍可使用 Anaconda、编译器自带的解释器管理器或是命令行安装所需的扩展包。

本装置所需的软件包均已在 setup. py 文件中列出,这里仍做简要说明。所需软件包括:

'tensorflow','numpy','torch','Pillow','scikit-learn','opencv-python','pyautogui','pyserial'。

请注意:'Pillow','scikit-learn','opencv-python',这几个软件包的 install 名称与 import 名称不一致。

'serial'包在不同环境管理器中的设置不完全一致,如果'serial'包有报错(如图 3.8 所示):

图 3.8 'serial'包报错

请卸载'serial'包(如有必要请也卸载'pyserial'包),并重新安装'pyserial'包。

(4)串口驱动安装

如上所述,ch340 驱动文件夹里放的 exe 文件是 USB 转 TTL 串口工具的驱动,安装完成后重启计算机,即可在设备管理器里面查看该通信模块的串口号。

完成上述软硬件安装后即完成了设备的安装工作,接下来就可以来尝试使用本装置了。

五、装置运行与程序说明

1. 图片训练程序

一般来说,我们会从图片训练开始执行整个流程,但是因为我们已经放置了预先训练的权重在文件夹中,所以如果只想尝试 AI 滴定控制的过程,可以跳过此部分。

如上述,Picture_Train 文件夹内为训练相关程序(如图 3.9 所示),接下来将简单介绍训练程序所需知道的主要内容。

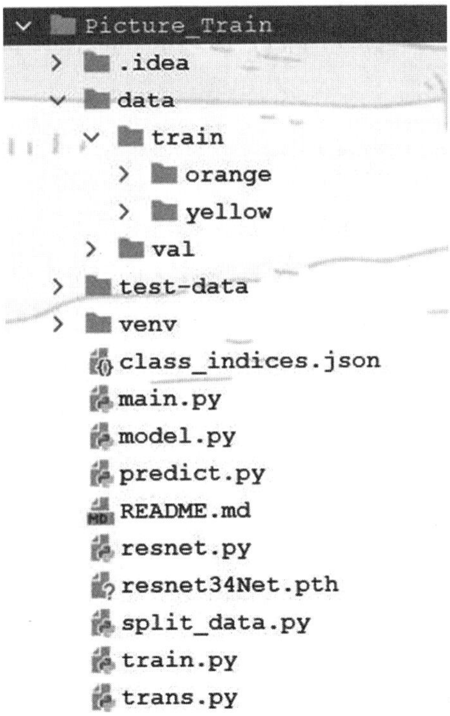

图 3.9 Picture_Train 文件夹内的训练相关程序

(1)data 文件夹:data 文件夹中放置的是用来进行 AI 训练的图片,其中分为两个文件夹:train 为训练用图片(即训练集),val 为验证用图片(即验证集)。train 下分别有两个子文件夹:orange 和 yellow,如名称所示,这两个文件夹中分别放有橘色和黄色的图片。

(2)train. py 训练程序:运行此程序即可利用当前训练集进行 100 次循环的训练程序,并将最佳结果权重保存为. pth 文件,文件名在程序中进行设置(如图 3.10 所示)。

```
# 定义模型名称
model_name = "resnet34-3"
# 实例化ResNet34模型，并设置输出类别数为2
```

图 3.10　train. py 训练程序

备注:保存的权重文件会带有 Net. pth 的后缀。

(3)其他文件的简单说明:

model. py:是模型文件。

train. py:是调用模型训练的文件。

predict. py:是调用模型进行预测的文件。

split_data. py:是用来将图片划分为训练集和验证集的文件。

class_indices. json:是训练数据集对应的标签文件。

注意:训练完毕别忘了把生成的权重文件复制到控制程序中使用。

2. 滴定控制程序

(1)滴定控制前的准备

在正式使用滴定控制前需要确认:

①将摄像头连接到计算机上,根据本机情况调整 Auto_Ctrl/predictor_new_ddg. py 中的摄像头编号(如图 3.11 所示)。

```
videoSourceIndex = 1    # 摄像机编号，请根据自己的情况调整
cap = cv2.VideoCapture(videoSourceIndex, cv2.CAP_DSHOW)  # 打开摄像头
name = get_picture()    # 获取照片
```

图 3.11　摄像头调整程序

一般来说,如果计算机已经有内置摄像头,新接入的摄像头编号为 1(Python 中计数是从 0 开始的)。如果没有内置摄像头,则这个新接入的摄像头编号为 0。

②将 TTL 线连接到计算机 USB 接口上,如果没有安装驱动的话,请先安装驱动并重启。然后打开计算机的设备管理器,找到 COM5 串口,查看 ch340 的串口号,并将 Auto_Ctrl/predictor_new_ddg. py 中的串口号进行修改(如图 3.12 所示)。

```
count = 0
port = "COM5"  # 串口名，根据实际情况修改
baudrate = 9600  # 波特率，根据实际情况修改
# # 快速滴加过程，这里请自己根据滴加量优化
```

图 3.12　串口号修改

③优化滴定管的流速。优化滴定管的流速功能通过 Auto_Ctrl/ddg_liusu. py 程序实现,我们简单介绍一下这个程序,也借此说明如何利用串口通信控制电机(如图 3.13 所示)。

```
port = "COM5"  # 串口名，根据实际情况修改
baudrate = 9600  # 波特率，根据实际情况修改

ser = serial.Serial(port, baudrate)
data = b"q1h14d" # 转速整数位
ser.write(data)
time.sleep(0.01)
data = b"q2h90d" # 转速小数位
ser.write(data)
time.sleep(0.01)
#以上是逆时针旋转的速度参数，可以反复调节，以达到逐滴滴定的效果

data = b"q5h1d"  # 转1秒
ser.write(data)
time.sleep(0.01)

data = b"q6h3d"  # 逆时针
ser.write(data)
time.sleep(5.01)    # 这里的等待时间决定了阀门开启时间，不能小于1秒（也就是阀门转开的时间）
```

图 3.13 Auto_Ctrl/ddg_liusu. py 程序

首先,这里的串口号也需要根据自己的情况进行调整。其默认模式下,控制器的转速单位为圈每分钟,如图 3.13 所示,当前程序将逆时针(从传动轴方向,如图 3.14 所示)转速设定为每分钟 14.90 圈,以旋开阀门。等待 4 s(程序中是 5 s,因为这里包括了需要旋开阀门的 1 s)后执行后续程序。

```
data = b"q1h15d"  # 回转的速度参数，建议与主程序中慢滴的速度一致，保证正反转角度一致
ser.write(data)
time.sleep(0.01)

data = b"q2h0d"
ser.write(data)
time.sleep(0.01)

data = b"q6h2d"  # 顺时针
ser.write(data)

ser.close()
```

图 3.14 Auto_Ctrl/ddg_liusu. py 程序

其次,将转速设置为与 Auto_Ctrl/predictor_new_ddg. py 中慢滴程序一致的转速(目的是保证主程序执行的时候,可以准确地开到想要的开度),并顺时针将阀门关闭。

更多的驱动器控制指令请查看 ReadMe. md 文件

(2)运行滴定控制程序

运行即可执行接近滴定终点时的滴定控制程序,程序运行过程中,将循环拍照,并将当前判断结果和概率显示出来;当程序判断当前颜色为“orange”时,将会自动关闭滴定管阀门,显示当前照片的文件名并结束程序,如图 3.15 所示。

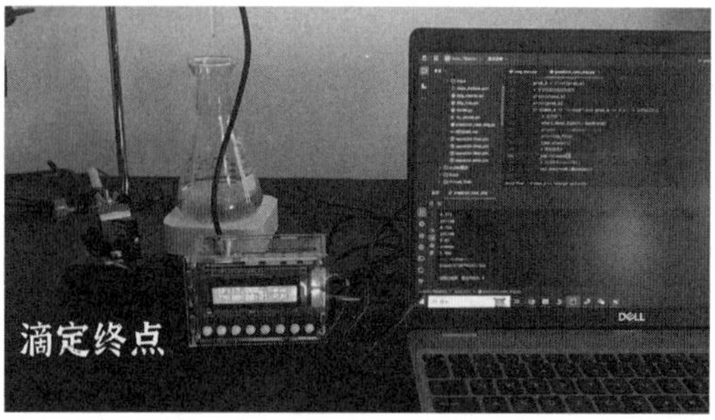

图 3.15 运行滴定控制程序

注意:新采集的照片将会放置到 Auto_Ctrl/Input 文件夹中,可以用作后续优化的训练集。

六、实验步骤

1. 准备阶段

(1)洗涤滴定仪器,直至水不成滴或成股流下,而形成一层均匀的薄膜。

(2)对酸碱滴定管进行验漏、排空、安放、加液与调零、滴液的使用练习,以确保符合滴定标准规范。

(3)移液管在使用过程中无论是移液还是放液均保持竖直状态,移液时,管尖必须离开液面,且与容器内壁接触;放液时,管尖与锥形瓶内壁相靠,放完后要停留 3 s,并旋转几次,千万不能用洗耳球吹去移液管中的残液。

(4)选择大小符合要求的容量瓶,在使用过程中注意摇匀,转移试液要多次少量洗涤。

(5)配制 0.1 mol · L^{-1}的 NaOH 溶液。计算配制 500 mL 0.1 mol · L^{-1} NaOH 溶液时固体 NaOH 的用量。在托盘天平上按计算值称取固体 NaOH 后,放入 100 mL 烧杯中,加入 50 mL 蒸馏水,使之溶解;转移至 500 mL 洁净的试剂瓶中,再加入 450 mL 蒸馏水,用橡皮塞塞好瓶口,摇匀,贴上标签。

(6)配制 0.1 mol · L^{-1}的 HCl 溶液。计算配制 500 mL 0.1 mol · L^{-1} HCl 溶液时所用浓 HCl 溶液(12 mol · L^{-1})的用量。用 10 mL 量筒按计算质量取浓 HCl 溶液,并倒入 500 mL 试剂瓶中,用蒸馏水稀释至 500 mL,盖上玻璃塞,摇匀,贴上标签。

(7)将碱式滴定管中加满 0.1 mol · L^{-1}的 NaOH 溶液,放去气泡,并放 25.00 mL 于 250 mL 的烧杯中。

(8)将酸式滴定管中加满 0.1 mol · L^{-1} 的盐酸溶液,放去气泡。

(9)用 pH 为 4.00、6.83、9.18 的标准溶液标定 pH 传感器。

(10)打开磁力搅拌器,并确保比电门等传感器都连接好。

(11)运行 DISLab 数字化实验室单机运行平台,打开“酸碱中和滴定”实验模板,单击“脱机”,进行传感器与软件的连接,计算机显示设备连接成功时界面准备完成。

2. 实验操作步骤

(1)打开光电门传感器选择液滴计数模式(1,IU-I 灯亮),并清零。

(2)单击实验开始按钮,按钮置于“ON”位置,开始实验。

(3)调节滴定管旋钮,用酸以不连续的液滴方式开始滴定,直至 pH 降到 7 以下时,单击结束按钮完成一次实验。

重复上述实验过程可以完成盐酸滴定氨水实验。

七、数据记录与处理

实验过程中学生可以通过计算机或大屏幕观察到 pH 传感器测定的 pH 数据和光电门传感器测定的滴定剂体积两组对应数据。用计算机处理后可用 pH-V 图像表示出来。

八、讨论与思考

传统实验接触法中使用指示剂来指示滴定终点,实验过程中主要靠实验者的目测确定终点,所以误差很大,也很难根据新课标的要求绘制出酸碱中和滴定的曲线且操作过程复杂,难以实现连续观察。数字化实验作为一种新的实验手段,与传统实验接触法在技术上、操作上以及思维方法上有所不同,其具有以下优点:

(1)将不同的信息通过传感器转化成数字信号,方便记录与数据处理,实验数据处理速度快,时效性强,能产生直观的印象。

(2)在实验数据的采集方面。用传感器代替了传统的实验者观察,减少了人为误差的产生,并且实验数据稳定,可重复性强。

(3)每一个实验都配有相应的模板,其中列举了每个实验的实验过程,条理明确,可与课览教学中的多媒体课件相结合。

(4)同一数据收集装置可搭配不同的传感器,增强了实验的灵活性,可通过不同传感器的搭配,到不同的实验目的。

注:本实验中涉及的产品方案经权利人慕乐网络科技(大连)有限公司授权使用。

实验四　酸碱溶液的浓度比较

一、实验目的

(1)练习滴定操作。

(2)熟悉甲基橙和酚酞指示剂的使用和终点的确定。

二、实验原理

酸碱指示剂都具有一定的变色范围，用 HCl 和 NaOH 滴定时 pH 值的突跃范围为 4.3~9.7，应当选用在此范围内变色的指示剂，如甲基橙(变色范围为 3.1~4.4)或酚酞(变色范围为 8.0~9.6)等可作为指示剂来指示滴定终点。

三、实验仪器与试剂

1. 仪器

托盘天平、分析天平、量筒、容量瓶、试剂瓶、移液管、洗瓶、烧杯、滴管、锥形瓶、酸式滴定管和碱式滴定管。

2. 试剂

固体 NaOH(CP)、浓 HCl 溶液($1.19\ g\cdot mL^{-3}$)(CP)、无水碳酸钠(AR)、硼砂(AR)、洗液、蒸馏水、甲基橙水溶液(0.1%)、酚酞乙醇溶液(0.2%)、甲基红指示剂(0.1%的 60%乙醇溶液)。

四、实验步骤

预先准备好洁净的酸式滴定管和碱式滴定管各一支，检漏后，用蒸馏水冲洗 3 次。用 $0.1\ mol\cdot L^{-1}$ NaOH 溶液润洗碱式滴定管 2~3 次，每次 5~10 mL，然后将 $0.1\ mol\cdot L^{-1}$ NaOH 溶液装入碱式滴定管中，排除管尖气泡，调至零刻度。

用 $0.1\ mol\cdot L^{-1}$ HCl 溶液润洗酸式滴定管 2~3 次，每次 5~10 mL，然后将 $0.1\ mol\cdot L^{-1}$ HCl 溶液装入酸式滴定管中，排除管尖气泡，调至零刻度。

及时记录酸式滴定管和碱式滴定管的初始读数。

用 25 mL 移液管准确移取 25.00 mL HCl 溶液于锥形瓶中，加入 1~2 滴酚酞指示剂，用 $0.1\ mol\cdot L^{-1}$ NaOH 溶液滴定，一边滴定一边摇动锥形瓶，直至溶液显微红色(半分钟不褪色)，即为终点。仔细读取酸式滴定管、碱式滴定管的最终读数，准确到 0.01 mL，并记录于表格中，计算出 $V(NaOH):V(HCl)$。平行测定 3 次。

由碱式滴定管放出 20.00 mL NaOH 溶液于 250 mL 锥形瓶中，加入 1~2 滴甲基橙指示剂，然后用酸式滴定管中的 HCl 溶液滴定锥形瓶中的 NaOH 溶液，同时不断摇动锥形瓶，使溶液混匀，待接近终点时，HCl 溶液应逐滴或半滴地加入锥形瓶中，挂在瓶壁上的酸可用蒸馏水冲洗下去，直至被滴定溶液由黄色恰好变为橙黄色，即为滴定终点。如果颜色观察有疑问或终点已过，可继续由碱式滴定管加入少量 NaOH 溶液，使被滴定溶液呈黄色，再以 HCl 溶液滴定，直至当半滴 HCl 溶液加入后被滴定溶液恰现橙黄色为止（如此可反复进行，直至能较为熟练地掌握滴定操作和判断滴定终点）。

及时记录酸式滴定管和碱式滴定管的初始读数和最终读数。计算出体积比，同样测定 3 次，直至 3 次测定结果与平均值的相对偏差小于 0.3%，否则应重做。

五、数据记录与处理

参照表 3.7 认真记录实验数据并处理。

表 3.7　酸、碱溶液浓度比较

	甲基橙			酚酞		
	1	2	3	1	2	3
V_2(HCl)/mL						
V_1(HCl)/mL						
V(HCl)/mL						
V_2(NaOH)/mL						
V_1(NaOH)/mL						
V(NaOH)/mL						
V(HCl) : V(NaOH)						
平均值						
相对偏差 d_r/%						

六、讨论与思考

(1) 用移液管转移溶液前为什么要用移取液润洗？

(2) 称取固体 NaOH 时为什么不能放在称量纸上称量，而要放在表面皿上称量？

(3) 溶解 Na_2CO_3 时加蒸馏水溶解，此体积是否要很准确？为什么？

实验五　碱标准溶液的标定

一、实验目的

(1)掌握碱标准溶液浓度的标定方法。

(2)进一步练习滴定操作和递减称量法称量。

二、实验原理

NaOH 标准溶液的标定:NaOH 有很强的吸水性且能吸收空气中的 CO_2,因而,市售 NaOH 中常含有 Na_2CO_3。其反应方程式为

$$2NaOH+CO_2 = Na_2CO_3+H_2O$$

Na_2CO_3 的存在对指示剂的使用影响较大,应设法除去。除去 Na_2CO_3 最常用的方法是将 NaOH 先配成饱和溶液(质量分数约为 52%),由于 Na_2CO_3 在饱和 NaOH 溶液中几乎不溶解,会慢慢沉淀出来,因此,可用饱和 NaOH 溶液配制不含 Na_2CO_3 的 NaOH。待 Na_2CO_3 沉淀后,可吸取一定量的上层清液,稀释至所需浓度即可。此外,用来配制 NaOH 标准溶液的蒸馏水,也应加热煮沸后冷却,除去其中的 CO_2。

常用来标定碱标准溶液的基准物质有邻苯二甲酸氢钾、草酸等。本实验选用邻苯二甲酸氢钾作基准物质,其反应方程式为

在化学计量点时,溶液呈弱碱性(pH 值为 9.2),pH 值突跃范围为 8.1~10.1,可选用酚酞作指示剂。

三、实验仪器与试剂

1. 仪器

容量瓶、移液管、锥形瓶、碱式滴定管。

2. 试剂

0.2%酚酞乙醇溶液、NaOH 标准溶液($0.1\ mol \cdot L^{-1}$)、邻苯二甲酸氢钾(基准试剂,110~120 ℃下烘 1 h 后,放入干燥器中冷却备用)。

四、实验步骤

洗净碱式滴定管,检查不漏水后,用所配制的 NaOH 标准溶液润洗 2~3 次,每次用量 5~10 mL,然后将 NaOH 标准溶液装入碱式滴定管中至零刻度线上,排除管尖的气泡,调整液面至零刻度或零点稍下处,静置 1 min 后,准确读取滴定管内液面的位置,并记录在报告本上。

用差减法准确称取 0.4~0.6 g 已烘干的邻苯二甲酸氢钾 3 份，分别放入 3 个已编号的 250 mL 锥形瓶中，分别加入 20~30 mL 水溶解（若不溶可稍加热，冷却），加入 1~2 滴酚酞指示剂，用 0.1 mol · L^{-1}NaOH 标准溶液滴定至呈现微红色，且半分钟不褪色，即为终点。计算 NaOH 标准溶液的浓度。标定 3 次以上，结果与平均值的相对偏差应小于 0.3%，否则应重做。

五、数据记录与处理

参照表 3.8，认真记录实验数据。

表 3.8 NaOH 标准溶液的标定

	1	2	3
倾出前质量 m_1/g			
倾出后质量 m_2/g			
邻苯二甲酸氢钾质量 m/g			
V_2(NaOH)/mL			
V_1(NaOH)/mL			
V(NaOH)/mL			
c(NaOH)/(mol · L^{-1})			
$\bar{c}$/(mol · L^{-1})			
相对平均偏差 $\bar{d}_r$/%			

六、讨论与思考

1. 注意事项

（1）固体 NaOH 应在表面皿或小烧杯中称量，不能在称量纸上称量。

（2）滴定之前，应检查滴定管管尖是否有气泡，如有气泡，应予以排除。

（3）使用碱式滴定管滴定时，应捏挤玻璃珠的上半部分。

2. 思考题

（1）标定 NaOH 标准溶液时，基准物质邻苯二甲酸氢钾为什么要称 0.5 g 左右？称得太多或太少对标定结果有何影响？

（2）本实验中所使用的称量瓶、锥形瓶是否必须烘干？为什么？

实验六　铵盐中氮含量的测定

一、实验目的

(1)了解酸碱滴定法的应用。

(2)掌握甲醛法间接测定铵盐中氮含量的原理和方法。

二、实验原理

常用的含氮化肥有 NH_4Cl、$(NH_4)_2SO_4$、NH_4NO_3、NH_4HCO_3 和尿素等，其中 NH_4Cl、$(NH_4)_2SO_4$ 和 NH_4NO_3 是强酸弱碱盐。由于 NH_4^+ 的酸性太弱($K_a = 5.6\times10^{-10}$)，因此不能直接用 NaOH 标准溶液滴定，通常是将试样加以适当处理，使各种含氮化合物都转化为铵态氮，然后进行测定。

常用的方法有以下两种：

(1)蒸馏法(凯氏定氮法)，适用于无机、有机物质中氮含量的测定，准确度较高；

(2)甲醛法，适用于铵盐中铵态氮的测定，方法简便，生产实际中应用广泛。

本实验选用 $(NH_4)_2SO_4$ 作为待测定的铵盐，介绍甲醛法间接测定铵盐中氮含量的原理和方法。甲醛与 NH_4^+ 作用，生成质子化的六亚甲基四胺($K_a = 7.1\times10^{-6}$)和 H^+，其反应方程式如下

$$4NH_4^+ + 6HCHO = (CH_2)_6N_4H^+ + 3H^+ + 6H_2O$$

所生成的 H^+ 和 $(CH_2)_6N_4H^+$ 可用 NaOH 标准溶液滴定，滴定反应方程式如下

$$(CH_2)_6N_4H^+ + 3H^+ + 4OH^- = (CH_2)_6N_4 + 4H_2O$$

终点时由于生成的溶液呈弱碱性，可选酚酞作指示剂。由上述反应式可知，1 mol NH_4^+ 相当于 1 mol H^+，故氮与 NaOH 的化学计量比为 1∶1，可根据下式计算试样中氮的质量分数

$$\omega(N) = \frac{c(NaOH) \times \dfrac{V(NaOH)}{1\,000} \times 14.01}{m_s \times \dfrac{25.00}{100.00}} \times 100\%$$

式中：$\omega(N)$——试样中氮的质量分数；

$c(NaOH)$——NaOH 标准溶液的浓度，$mol \cdot L^{-1}$；

$V(NaOH)$——NaOH 标准溶液的体积，mL；

m_s——试样的质量，g。

三、实验仪器与试剂

1. 仪器

容量瓶、移液管、锥形瓶、碱式滴定管烧杯。

2. 试剂

固体$(NH_4)_2SO_4$、0.2%酚酞乙醇溶液、原装甲醛、NaOH 标准溶液(0.1 mol · L^{-1})。

四、实验步骤

1. 配制 18%中性甲醛溶液

取 37%原装甲醛(20~25 mL)于烧杯中,加等量水稀释,加入 1~2 滴 0.2%酚酞指示剂,用 0.1 mol · L^{-1}NaOH 标准溶液中和至甲醛溶液呈现微红色为止。

2. 称样与定容

用差减法准确称取 0.55~0.60 g $(NH_4)_2SO_4$ 试样于烧杯中,加入 30 mL 蒸馏水溶解,定量转移到 100 mL 容量瓶中定容,摇匀。

3. 测定

用 25 mL 移液管平行移取试液 25.00 mL 3 份于 250 mL 锥形瓶中,向试样锥形瓶中滴加 2 滴甲基红指示剂,若溶液呈现红色或微红色,用 0.1 mol · L^{-1} NaOH 标准溶液中和至金黄色。加入 10 mL 预先中和好的 18%甲醛溶液,加 1~2 滴酚酞指示剂,充分摇匀,放置 1 min。用 NaOH 标准溶液滴定至溶液呈现微红色,且半分钟不褪色即为终点,记下读数,计算试样中氮的质量分数。平行测定 3 次。

五、数据记录与处理

参照表 3.9,认真记录实验数据。

表 3.9 $(NH_4)_2SO_4$ 中氮含量的测定

	1	2	3
倾出前质量 m_1/g			
倾出后质量 m_2/g			
$(NH_4)_2SO_4$ 试样质量 m/g			
V_2(NaOH)/mL			
V_1(NaOH)/mL			
V(NaOH)/mL/%			
w(N)/%			
$\overline{w}$(N)/%			
相对平均偏差 $\overline{d}_r$/%			

六、讨论与思考

1. 注意事项

(1)滴定之前,应检查滴定管管尖是否有气泡,如有气泡,应予以排除。

(2)使用碱式滴定管滴定时,应捏挤玻璃珠的上半部分。

2. 思考题

(1)为什么中和甲醛中的游离酸以酚酞作指示剂，而中和铵盐试样中的游离酸以甲基红作指示剂？

(2)铵盐中氮含量的测定为何不能用 NaOH 标准溶液直接滴定？

附：尿素中含氮量的测定

准确称取 0.70~0.80 g 尿素试样于小烧杯中，加入尽可能少的水洗下沾在烧杯内壁上的尿素，加入 6 mL 浓 H_2SO_4 溶液(18 $mol \cdot L^{-1}$)，盖上表面皿。在通风柜中，用小火加热至 CO_2 气泡停止逸出而放出 SO_2 白烟为止。取下冷却，加水溶解，然后完全转移至 250 mL 容量瓶中，用水稀释至刻度，摇匀。用移液管移取试液 25.00 mL 于 250 mL 锥形瓶中，加入 2~3 滴甲基红指示剂，滴加 5 $mol \cdot L^{-1}$ NaOH 溶液中和过量的 H_2SO_4，直至溶液由红色变为微红色，然后小心地滴加 0.1 $mol \cdot L^{-1}$ NaOH 标准溶液，使溶液恰好变成金黄色。加入 15 mL 中和过的 1∶1 甲醛溶液和 1~2 滴酚酞指示剂，静置 2 min 后，用 0.1 $mol \cdot L^{-1}$ NaOH 标准溶液滴定至溶液呈现微红色，持续半分钟不褪色即为终点，记下读数，计算试样中氮的质量分数。平行测定 3 次，要求相对平均偏差不大于 0.5%。

实验七 氯化物中氯含量的测定

一、实验目的

(1)掌握 $AgNO_3$ 标准溶液的配制与标定方法。

(2)掌握莫尔法测定氯离子的方法和原理。

(3)掌握铬酸钾指示剂的正确使用方法。

二、实验原理

银量法常用于生活用水、工业用水、环境水、药品、食品及某些可溶性氯化物中氯含量的测定。此法是在中性或弱碱性溶液中,以 K_2CrO_4 为指示剂,用 $AgNO_3$ 标准溶液进行滴定。由于 AgCl 的溶解度比 Ag_2CrO_4 的小,因此溶液中首先析出 AgCl 沉淀,当 AgCl 定量析出后,稍过量的 $AgNO_3$ 标准溶液即与 CrO_4^{2-} 生成砖红色 Ag_2CrO_4 沉淀,表示达到终点。其主要反应式如下

$$Ag^+ + Cl^- \xlongequal{} AgCl\downarrow(白色) \qquad K_{sp}=1.8\times10^{-10}$$

$$2Ag^+ + CrO_4^{2-} \xlongequal{} Ag_2CrO_4\downarrow(砖红色) \qquad K_{sp}=2.0\times10^{-12}$$

滴定必须在中性或弱碱性溶液中进行,最适宜的 pH 范围为 6.5~10.5。若酸度过高,则不产生 Ag_2CrO_4 沉淀;若碱度过高,则形成 Ag_2O 沉淀。如有铵盐存在,溶液的 pH 范围最好控制为 6.5~7.2。

指示剂的用量对滴定有影响。根据溶度积原理,等当点时溶液中 Ag^+ 和 Cl^- 的浓度为

$$c(Ag^+)=c(Cl^-)=\sqrt{K_{sp}(AgCl)}=\sqrt{1.8\times10^{-10}}\approx1.3\times10^{-5}(mol\cdot L^{-1})$$

在等当点时,要求刚好析出 Ag_2CrO_4 沉淀以指示终点,此时溶液中的 CrO_4^{2-} 的浓度应为:

$$c(CrO_4^{2-})=\frac{K_{sp}(Ag_2CrO_4)}{[c(Ag^+)]^2}=\frac{2.0\times10^{-12}}{(1.3\times10^{5})^2}\approx1.2\times10^{-2}(mol\cdot L^{-1})$$

在实际工作中,若 K_2CrO_4 的浓度太高,会干扰 Ag_2CrO_4 沉淀颜色的观察,影响终点的判断。因此,实际上加入 K_2CrO_4 的浓度以 $5\times10^{-3}\ mol\cdot L^{-1}$ 为宜,可以认为不影响分析结果的准确度。如果溶液较稀,例如,以 0.010 00 $mol\cdot L^{-1}$ $AgNO_3$ 标准溶液滴定 0.010 00 $mol\cdot L^{-1}$ KCl 溶液,则终点误差将达+0.6%,那就会影响分析结果的准确度。在这种情况下,通常需要校准指示剂的空白值。

凡是能与 Ag^+ 生成难溶化合物或配合物的阴离子都干扰测定,如 PO_4^{3-}、AsO_4^{3-}、SO_3^{2-}、S^{2-}、CO_3^{2-} 及 $C_2O_4^{2-}$ 等,其中 S^{2-} 可通过生成 H_2S,经加热煮沸而除去,SO_3^{2-} 可经氧化成 SO_4^{2-} 而不产生干扰。大量 Cu^{2+}、Ni^{2+}、Co^{2+} 等有色离子都将影响终点的观察。凡是能与 CrO_4^{2-} 生成难溶化合物的阳离子也都干扰测定,如 Ba^{2+}、Pb^{2+} 与 CrO_4^{2-} 分别生成 $BaCrO_4$ 和 $PbCrO_4$ 沉淀,但 Ba^{2+} 的干扰可借加入过量 Na_2SO_4 来消除。

Al^{3+}、Fe^{3+}、Bi^{3+}、Zr^{4+} 等高价金属离子,在中性或弱碱性溶液中易水解产生沉淀,若存在,改

用佛尔哈德法测定氯含量。

三、实验仪器与试剂

1. 仪器

酸式滴定管（50 mL，棕色）、容量瓶、移液管、量筒、锥形瓶、烧杯。

2. 试剂

NaCl 基准物质（在 500~600 ℃灼烧半小时后，置于干燥器中冷却，也可将 NaCl 置于带盖的瓷坩埚中加热，并不断地搅拌，待爆炸声停止后，将瓷坩埚放入干燥器中冷却后使用）、$AgNO_3$ 标准溶液（0.1 mol · L^{-1}，将 8.5 g $AgNO_3$ 溶解于 500 mL 不含 Cl^- 的蒸馏水中，将溶液转入棕色试剂瓶中，置暗处保存，以防止见光分解）、K_2CrO_4 溶液（5%）。

四、实验步骤

1. $AgNO_3$ 标准溶液的标定

准确称取 0.5~0.65 g NaCl 基准物质，置于小烧杯中，用蒸馏水溶解后，转入 100 mL 容量瓶中，加水稀释至刻度，摇匀。准确移取 25.00 mL NaCl 标准溶液置于锥形瓶中，加入 25 mL 蒸馏水、1 mL 5% K_2CrO_4 溶液，在不断地摇动下，用 $AgNO_3$ 标准溶液滴定至呈现砖红色，即为终点。

2. 试样分析

准确称取 1.3 g 氯化物试样置于烧杯中，加水溶解后，转入 250 mL 容量瓶中，用水稀释至刻度，摇匀。准确移取 25.00 mL 氯化物试液置于锥形瓶中，加入 25 mL 蒸馏水、1 mL 5% K_2CrO_4 溶液，在不断地摇动下，用 $AgNO_3$ 标准溶液滴定至呈现砖红色，即为终点。平行测定 3 次。

根据试样的质量和滴定中消耗的 $AgNO_3$ 标准标准溶液的体积计算试样中氯的质量分数和计算相对平均偏差。

五、数据记录与处理

参照表 3.10 和表 3.11 的格式，认真记录实验数据。

表 3.10　$AgNO_3$ 标准溶液的标定

	1	2	3
倾出前：m_1（NaCl+称量瓶）/g			
倾出后：m_2（NaCl+称量瓶）/g			
m（NaCl）/g			
终读数 V_2（$AgNO_3$）/mL			
初读数 V_1（$AgNO_3$）/mL			
V（$AgNO_3$）/mL			
c（$AgNO_3$）/（mol · L^{-1}）			
$\bar{c}$（$AgNO_3$）/（mol · L^{-1}）			
相对平均偏差 $\bar{d}_r$/%			

表 3.11　氯化物中氯含量的测定

	1	2	3
倾出前：m_1(氯化物+称量瓶)/g			
倾出后：m_2(氯化物+称量瓶)/g			
m(氯化物)			
终读数 $V_2(AgNO_3)$/mL			
初读数 $V_1(AgNO_3)$/mL			
$V(AgNO_3)$/mL			
$w(Cl^-)$/%			
$\overline{w}(Cl^-)$/%			
相对平均偏差 $\overline{d}_r$/%			

六、讨论与思考

1. 注意事项

(1)在本实验测定氯离子的方法中，溶液酸度的控制是关键。

(2)指示剂用量大小对测定有影响，必须定量加入。溶液较稀时，须做指示剂的空白校准，方法如下：取 1 mL K_2CrO_4 指示剂，加入适量水，然后加入无 Cl^- 的 $CaCO_3$ 固体(相当于滴定时 AgCl 的沉淀量)，制成相似于实际滴定的混浊溶液。逐渐滴入 $AgNO_3$ 标准溶液，至与终点颜色相同为止，记录读数，从滴定试液所消耗的 $AgNO_3$ 标准溶液体积中扣除此读数。

(3)沉淀滴定中，为减少沉淀对被测离子的吸附，一般滴定的体积应大些为好，故需加水稀释试液。

(4)银为贵金属，含 AgCl 的废液应回收处理。回收方法可参见《电镀与环保》，1990 年第 2 期。

2. 思考题

(1) $AgNO_3$ 标准溶液应装在酸式滴定管还是碱式滴定管中？为什么？

(2)配制 $AgNO_3$ 标准溶液的容器用自来水洗后，若不用蒸馏水洗，而直接用来配制 $AgNO_3$ 标准溶液，将会出现什么现象？为什么出现该现象？

(3)配制好的 $AgNO_3$ 标准溶液要保存在棕色瓶中并置于暗处，为什么？

(4)莫尔法测定氯离子时，为什么溶液的 pH 必须控制为 6.5~10.5？

实验八　水的硬度测定

一、实验目的

(1)了解水的硬度的概念、测定水的硬度的意义以及水的硬度的表示方法。

(2)理解 EDTA 法测定水中钙、镁含量的原理和方法。

(3)掌握铬黑 T(EBT)指示剂和钙指示剂的应用,了解其特点。

二、实验原理

天然水的硬度主要由 Ca^{2+}、Mg^{2+}组成。水的硬度的表示方法很多,但常用的有两种:一种是用"德国度(°)"表示,这种方法是将水中的 Ca^{2+}、Mg^{2+}折合为 CaO 来计算,每升水含 10 mg CaO 就称为 1 德国度;另一种是用"$mg \cdot L^{-1}(CaCO_3)$"表示,它是将每升水中所含的 Ca^{2+}、Mg^{2+}都折合成 $CaCO_3$ 的毫克数,这种表示方法在美国使用较多。

按照"德国度(°)"表示方法,天然水按硬度的大小可以分为以下几类:0°~4°称为极软水,4°~8°称为软水,8°~16°称为中等软水,16°~30°称为硬水,30°以上称为极硬水。

目前我国常用的硬度表示方法有两种:一种是用 $CaCO_3$ 的质量浓度 $\rho(CaCO_3)$表示水中 Ca^{2+}、Mg^{2+}的含量,单位是 $mg \cdot L^{-1}$;另一种是用 $c(Ca^{2+}、Mg^{2+})$来表示水中 Ca^{2+}、Mg^{2+}的含量,单位是 $mmol \cdot L^{-1}$。其相应的计算公式如:

$$\rho(CaCO_3) = \frac{c(EDTA) \times V(EDTA) \times M(CaCO_3)}{V(水)} \times 1\,000$$

$$c(Ca^{2+}+Mg^{2+}) = \frac{c(EDTA) \times V(EDTA)}{V(水)} \times 1\,000$$

式中:V(水)——水样体积, mL。

Ca^{2+}、Mg^{2+}总量的测定:在 pH = 10 的氨性缓冲溶液中,加入少量 EBT 指示剂,然后用 EDTA 标准溶液滴定。由于 EBT 和 EDTA 都能与 Ca^{2+}、Mg^{2+}生成配合物,其稳定次序为 $CaY^{2-} > MgY^{2-} > MgEBT > CaEBT$,因此加入 EBT 后,它首先与 Mg^{2+}结合,生成酒红色配合物。当滴入 EDTA 时,EDTA 则先与游离的 Ca^{2+}配位,再与游离的 Mg^{2+}配位,最后夺取 EBT 配合物中的 Mg^{2+},使 EBT 游离出来,终点溶液由酒红色变成纯蓝色。

由于 EBT 与 Mg^{2+}显色灵敏度高,与 Ca^{2+}显色灵敏度低,所以当水样中 Mg^{2+}含量较低时,用 EBT 作指示剂往往得不到敏锐的终点。这时可在 EDTA 标准溶液中加入适量的 Mg^{2+}(标定前加入 Mg^{2+}对终点没有影响)或者在缓冲溶液中加入一定量 Mg(Ⅱ)-EDTA 盐,利用置换滴定法的原理来提高终点变色的敏锐性。滴定时,用三乙醇胺掩蔽 Fe^{3+}、Al^{3+}等干扰离子。

三、实验仪器与试剂

1. 仪器

烧杯(100 mL)、容量瓶(250 mL)、锥形瓶(100 mL)、移液管(25 mL,50 mL)、酸式滴定管、玻璃棒、量筒(10 mL)、称量瓶、分析天平。

2. 试剂

EDTA 标准溶液(0.02 mol · L^{-1})、氨性缓冲溶液(pH=10,称取 35 g 固体 NH_4Cl 溶解于水中,加入 350 mL 浓氨水,用水稀释至 1 L)、EBT 指示剂(先称 100 g NaCl 在 105~106 ℃下烘干,磨细后加入 1 g EBT,再研磨混合均匀,保存在棕色瓶中)、三乙醇胺溶液(1∶2)、HCl 溶液(1∶1)、10%NaOH 溶液、$CaCO_3$ 基准物质(在 120 ℃下干燥 2 h)、钙指示剂(1 g 钙紫红素与 100 g NaCl 研磨均匀,置于 60 mL 广口瓶中,在干燥器中保存)。

四、实验步骤

(1)总硬度的测定。量取澄清的水样 100 mL 于锥形瓶中,加入 1~2 滴 HCl 溶液(1∶1)使之酸化,并煮沸数分钟除去 CO_2,冷却后加入 5 mL 三乙醇胺溶液(1∶2)、5 mL pH=10 的氨性缓冲溶液、10 mg(绿豆大小)EBT 指示剂,摇匀,用 EDTA 标准溶液滴定,溶液由酒红色转变为纯蓝色即为终点,记下消耗的 EDTA 标准溶液的体积 V_1。

(2)钙硬度的测定。量取澄清的水样 100 mL 于锥形瓶中,加入 5 mL 10%NaOH 溶液,摇匀,再加入少许(绿豆大小)钙指示剂,摇匀,此时溶液呈酒红色。用 EDTA 标准溶液滴定至溶液呈纯蓝色即为终点。记下消耗的 EDTA 标准溶液的体积 V_2。

(3)镁硬度的确定。用总硬度减去钙硬度即得镁硬度。

五、数据记录与处理

根据消耗的 EDTA 标准溶液的体积,计算出 $\rho(CaCO_3)$ 或 $c(Ca^{2+}+Mg^{2+})$。记录格式自拟。

六、讨论与思考

1. 注意事项

(1)若水样不清,则必须过滤,过滤所用的器皿和滤纸必须是干燥的,最初的滤液须弃去。

(2)若水样中含有铜、锌、锰、铁、铝等离子,则会影响测定结果,可加入 1 mL 1%Na_2S 溶液使 Cu^{2+}、Zn^{2+}等形成硫化物沉淀,过滤。锰的干扰可加入盐酸羟胺消除。

(3)在氨性缓冲溶液中,$Ca(HCO_3)_2$ 含量较高时,可能慢慢析出 $CaCO_3$ 沉淀,使滴定终点拖长,变色不敏锐,所以滴定前最好将溶液酸化、煮沸除去 CO_2,注意 HCl 溶液不可多加,否则影响滴定时溶液的 pH。

2. 思考题

(1)什么叫水的硬度?水的硬度有几种表示方法?

(2)用 EDTA 法如何测出总硬度?用什么作指示剂?试液的 pH 应控制在什么范围?实

验中是如何控制的?

(3)用 EDTA 法测定水的硬度时,哪些离子存在干扰?应如何消除?

实验九 碘量法测定葡萄糖的含量

一、实验目的

掌握间接碘量法测定葡萄糖含量的原理和方法。

二、实验原理

在碱性条件下，将一定量的 I_2 加入葡萄糖溶液中，I_2 与 OH^- 作用生成的 IO^- 能够把葡萄糖分子中的醛基定量地氧化成羧基。其反应方程式为

$$I_2+2OH^- = IO^-+I^-+H_2O$$

$$CH_2OH(CHOH)_4CHO+IO^-+OH^- = CH_2OH(CHOH)_4COO^-+I^-+H_2O$$

未与葡萄糖作用的过量的 IO^- 在碱性介质中进一步歧化为 IO_3^- 和 I^-。溶液酸化后，IO_3^- 又与 I^- 反应析出 I_2。其反应方程式为

$$3IO^- = IO_3^-+2I^-$$

$$IO_3^-+5I^-+6H^+ = 3I_2+3H_2O$$

此时，再用 $Na_2S_2O_3$ 标准溶液滴定析出的 I_2。其反应方程式为

$$2S_2O_3^{2-}+I_2 = S_4O_6^{2-}+2I^-$$

由以上反应可以看出一分子葡萄糖与一分子 I_2 相当。根据所加入的 I_2 标准溶液的物质的量和滴定所消耗的 $Na_2S_2O_3$ 标准溶液的体积，便可计算出葡萄糖的质量分数。

三、实验仪器和试剂

1. 仪器

电子天平（0. 1 mg）、酸式滴定管、锥形瓶、容量瓶（150 mL）、移液管（20 mL）、烧杯（100 mL）、量筒（5 mL）。

2. 试剂

$Na_2S_2O_3$ 标准溶液（0. 1 mol · L^{-1}）、I_2 标准溶液（0. 05 mol · L^{-1}）、NaOH 溶液（1. 0 mol · L^{-1}）、HCl 溶液（1 : 1）、淀粉溶液（0. 5%）、葡萄糖试样。

四、实验步骤

称取约 0. 5 g 葡萄糖试样于 100 mL 烧杯中，加入少量蒸馏水使之溶解，然后定量转移至 100 mL 容量瓶中，加蒸馏水稀释至刻度，摇匀。

用移液管吸取上述试液 20. 00 mL 于 250 mL 锥形瓶中，用移液管准确加入 20. 00 mL I_2 标

准溶液。然后,缓慢滴入 1.0 mol·L^{-1}NaOH 溶液①,边加边摇,直至溶液呈现浅黄色。用小表面皿将锥形瓶盖好,放置 10~15 min②,使之反应完全。用少量水冲洗表面皿和锥形瓶内壁,再加入 2 mL HCl 溶液(1∶1),使溶液呈酸性,立即用 $Na_2S_2O_3$ 标准溶液(0.1 mol·L^{-1})滴定至浅黄色。加入 2 mL 淀粉指示剂,继续滴定至蓝色恰好消失,即为终点。平行测定 3 次,可依据下式计算试样中葡萄糖的质量分数,并计算 3 次平行测定结果的相对平均偏差。

$$\omega(\text{葡萄糖})=\frac{\left[c(I_2)\times V(I_2)-\frac{1}{2}c(Na_2S_2O_3)\times V(Na_2S_2O_3)\right]\times M(\text{葡萄糖})}{m(\text{葡萄糖})\times 1\ 000\times\frac{20.00}{100.00}}\times 100\%$$

五、数据记录与处理

实验数据及结果按表 3.12 填写。

表 3.12　碘量法测定葡萄糖的含量(指示剂:淀粉)

	1	2	3
倾出前质量(葡萄糖试样+称量瓶)m_1/g			
倾出后质量(葡萄糖试样+称量瓶)m_2/g			
葡萄糖试样质量 m/g			
$V_1(Na_2S_2O_3)$/mL			
$V_2(Na_2S_2O_3)$/mL			
$V(Na_2S_2O_3)$/mL			
w(葡萄糖)/%			
$\overline{w}$(葡萄糖)/%			
相对平均偏差 $\overline{d}_r$/%			

六、讨论和思考

(1)溶液酸化后,为什么要立即用 $Na_2S_2O_3$ 标准溶液滴定?

(2)碘量法的主要误差来源有哪些? 如何避免?

---

① 加碱的速度不能过快,否则生成的 IO^- 来不及氧化葡萄糖,就进一步歧化为 IO_3^- 和 I^-,使测定结果偏低。

② NaOH 溶液加完后,要放置 10~15 min,目的是使葡萄糖分子中的醛基定量地被 IO^- 氧化为羧基。

实验十　程序升温气相色谱法

一、实验目的

掌握程序升温气相色谱法的原理及基本操作。

二、实验原理

用气相色谱法分析样品时,各组分都有一个最佳柱温。对于沸程较宽、组分较多的复杂样品,柱温可选在各组分的平均沸点左右,显然这是一种折中的方法,其结果是:低沸点组分因柱温太高很快流出,色谱峰尖而挤甚至重叠;而高沸点组分因柱温太低,滞留时间过长,色谱峰扩张严重,甚至在一次分析中不出峰。

程序升温气相色谱法(PTGC)是色谱柱按预定程序连续地或分阶段地进行升温的气相色谱法。采用程序升温技术,可使各组分在最佳的柱温流出色谱柱,以改善复杂样品的分离,缩短分析时间。另外,在程序升温操作中,随着柱温的升高,各组分加速运动,当柱温接近各组分的保留温度(在进行程序升温操作时,组分从进样到出现最大峰时的柱温叫作该组分的保留温度,用 t_R 表示)时,各组分以大致相同的速度流出色谱柱,因此在 PTGC 中各组分的峰宽大致相同,称为等峰宽。

三、实验仪器与试剂

(1)气相色谱 6896;

(2)色谱柱 HP-5;

(3)自动进样器或 1 μL 微量注射器;

(4)甲醇、乙醇、正丁醇,均为色谱纯(或分析纯),按 1∶1∶1 的体积比混合制成样品。

四、实验步骤

1. 操作条件

柱温:初始温度 28 ℃,以 8 ℃/min 的速率升温至 120 ℃,保持 1 min,然后以 15 ℃/min 的速率升至 240 ℃(终止温度),再保持 1 min。

气化室温度:180 ℃,检测器温度:280 ℃。

进样量:0.2 μL。

载气(高纯 N_2)流速:25~35 mL/min;氢气流速:40 mL/min;空气流速:400 mL/min。

2. 操作步骤

通载气,启动仪器,设定以上温度参数,在初始温度下,点燃氢火焰离子化检测器(FID),调节气体流量。待基线稳定后进样并启动升温程序,记录每一组分的保留温度。升温程序结束，待柱温降至初始温度方可进行下一轮操作。作为对照，在其他条件不变的情况下，恒定柱温 175 ℃，得到醇系物在恒定柱温条件下的色谱图。

五、实验记录（见表 3.13）

表 3.13　程序升温气相色谱法分离醇系物

组分	甲醇	乙醇	正丁醇
沸点/(t_b/℃)			
保留时间/min			

六、思考题

与恒温色谱法相比，程序升温气相色谱法有何优点？

实验十一　紫外-可见分光光度法测定甲基橙浓度

一、实验目的

(1)了解用分光光度计测定甲基橙浓度的原理及方法。
(2)掌握分光光度计的使用方法。

二、实验原理

紫外-可见分光光度法通常是用来研究波长在 200~800 nm 的光谱区域内(通常紫外光是指波长在 200~420 nm 的光谱区域,可见光是指波长在 420~800 nm 的光谱区域)物质对光辐射吸收的一种方法。此法主要用于对物质进行定性和定量分析。定性分析主要是将物质的谱图与已知物质的谱图相比较而实现的,定量分析则依据朗伯-比尔定律进行计算。

一束单色光通过有色溶液时,溶液中溶质能吸收其中的部分光。物质对光的吸收是有选择性的,一种物质对不同波长光的吸收程度不同。用透光率或吸光度(或光密度)表示物质对光的吸收程度。如果入射光强度用 I_0 表示,透射光强度用 I_t 表示,定义透光率为 I_t/I_0,以 T 表示。定义 $\lg(I_0/I_t)$ 为吸光度(光密度或消光度),以 A 表示,即 $A=\lg(I_0/I_t)$。显然,T 越小,A 越大,即溶液对光的吸收程度越大。

朗伯-比尔定律总结了溶液对光的吸收规律:一束单色光通过有色溶液时,有色溶液对光的吸光度 A 与溶液的浓度 c 和液层的厚度 l 的乘积成正比,即 $A=kcl$,其中比例常数 k 叫作摩尔吸收系数(或光密度系数)。由上式可以看出,当液层厚度一定时,溶液的吸光度 A 只与溶液的浓度 c 成正比。

分光光度法就是以该定律为基础建立起来的分析方法。

通常用光的吸收曲线(光谱)来描述有色溶液对光的吸收情况。将不同波长的单色光依次通过一定浓度的有色溶液,分别测定其吸光度 A,以波长 λ 为横坐标,以吸光度 A 为纵坐标作图,所得曲线为光的吸收曲线(或光谱),最大吸收峰处对应的单色光波长称为最大吸收波长 λ_{max}。本实验中,最大吸收波长 $\lambda_{max}=464$ nm,如图 3.16 所示。

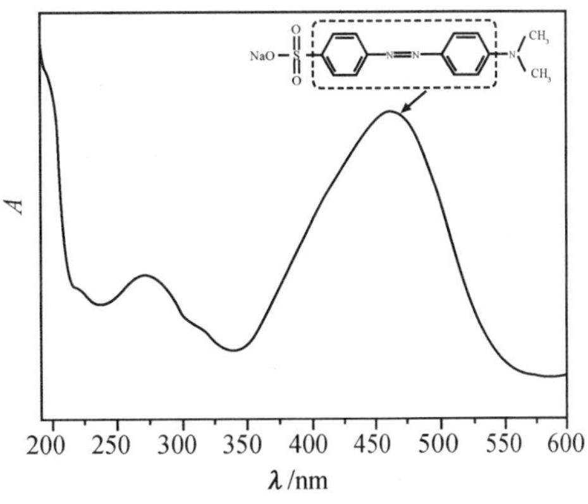

图 3.16　甲基橙分子结构及其紫外-可见光谱图

一般在测量样品前,先测标准曲线(或叫工作曲线),即在与测定样品相同条件下,先测量一系列已知准确浓度的标准溶液的吸光度 A,画出 A-c 曲线,即标准曲线(如图 3.17 所示)。待测样品的吸光度 A 测出后,就可以在标准曲线上求出相应的浓度 c。

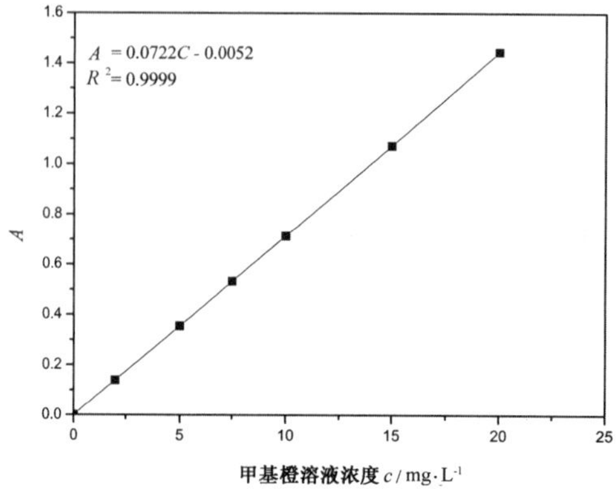

图 3.17　甲基橙吸光度与其溶液浓度标准曲线

三、实验仪器与试剂

1. 仪器

JASCOV-500 紫外-可见分光光度计，8 个 100 mL 容量瓶。

2. 试剂

浓度为 20 mg · L^{-1} 的甲基橙标准溶液。

四、实验步骤

1. 测量波长的选择

用吸量管吸取 2 mL 浓度为 20 mg · L^{-1} 的甲基橙标准溶液注入 1 cm 石英液槽，以纯水为参比溶液，在 200~600 nm 进行光谱扫描，由显示的光谱图选择确定测量波长 λ_{max}（最大吸光度）。

2. 标准曲线的绘制

在 5 个 100 mL 的容量瓶内分别配置浓度为 2 mg · L^{-1}、5 mg · L^{-1}、7.5 mg · L^{-1}、10 mg · L^{-1}、15 mg · L^{-1} 的甲基橙标准溶液。采用 1 cm 石英液槽，以纯水为参比溶液，在所选择的波长下，测量上列各标准溶液的吸光度。记录数据并列入表 3.14。

表 3.14　甲基橙标准溶液浓度与吸光度的关系

甲基橙标准溶液浓度/mg · L^{-1}	0	2	5	7.5	10	15	20
A							

以甲基橙标准溶液浓度为横坐标，吸光度 A 为纵坐标，绘制标准曲线。

3. 试样溶液浓度的测定

准确吸取 3 mL 试样溶液于 1 cm 石英液槽中，测量其吸光度，平行测定 2 次。从标准曲线上查出或计算出试液中甲基橙标准溶液的浓度（单位为 mg · L^{-1}）。

五、思考题

本实验测定时能否使用普通玻璃液槽（或比色皿）盛放溶液？为什么？

实验十二　工业纯碱总碱度的测定

一、实验目的

(1)了解基准物质碳酸钠及硼砂的分子式和化学性质。

(2)掌握 HCl 标准溶液的配制、标定过程。

(3)掌握强酸滴定二元弱碱的滴定过程、突跃范围及指示剂的选择。

(4)掌握定量转移操作的基本要点。

二、实验原理

工业纯碱的主要成分为碳酸钠,商品名为苏打,其中可能还含有少量 NaCl、Na_2SO_4、NaOH 及 $NaHCO_3$ 等成分。常以 HCl 标准溶液为滴定剂测定总碱度来衡量产品的质量。滴定反应如下

$$Na_2CO_3+2HCl=\!=\!=2NaCl+H_2CO_3$$

$$H_2CO_3=\!=\!=CO_2\uparrow+H_2O$$

反应产物 H_2CO_3 易形成过饱和溶液并分解为 CO_2 逸出。化学计量点时溶液 pH 为 3.8~3.9,可选用甲基橙为指示剂,用 HCl 标准溶液滴定,溶液由黄色转变为橙色即为终点。试样中 $NaHCO_3$ 同时被中和。

由于试样易吸收水分和 CO_2,应在 270~300 ℃将试样烘干 2 h,以除去吸附水并使 $NaHCO_3$ 全部转化为 Na_2CO_3,工业纯碱的总碱度通常以 $w(Na_2CO_3)$ 或 $w(Na_2O)$ 表示,由于试样均匀性较差,应称取较多试样,使其更具代表性。测定的允许误差可适当放宽一点。

三、实验试剂

(1)HCl 标准溶液 0.1 mol L^{-1}

配制时应在通风柜中操作。用量杯量取原装浓盐酸约 9 mL,倒入试剂瓶中,加水稀释至 1 L,充分摇匀。

(2)无水 Na_2CO_3

于 180 ℃干燥 2~3 h。也可将 $NaHCO_3$ 置于瓷坩埚内,在 270~300 ℃的烘箱内干燥 1 h,使之转变为 Na_2CO_3。放入干燥器内冷却后备用。

(3)甲基橙指示剂

1 g·L^{-1}。

(4)甲基红

2 g·L^{-1} 60%的乙醇溶液。

(5)甲基红-溴甲酚绿混合指示剂

将 2 g·L^{-1} 甲基红的乙醇溶液与 1 g·L^{-1} 溴甲酚绿乙醇溶液以 1∶3 的体积比相混合。

(6)硼砂($Na_2B_4O_7 \cdot 10H_2O$)

应在置有 NaCl 和蔗糖的饱和溶液的干燥器内保存，以使相对湿度为 60%，防止结晶水失去。

四、实验步骤

1. 0.1 mol·L^{-1}HCl 标准溶液的标定

(1)用无水 Na_2CO_3 基准物质标定。用称量瓶准确称取 0.15~0.20 g 无水 Na_2CO_3 3 份，分别倒入 3 个 250 mL 锥形瓶中。称量瓶称样时一定要带盖，以免吸湿。然后加入 20~30 mL 水使之溶解，再加入 1~2 滴甲基橙指示剂，用待标定的 HCl 标准溶液滴定至溶液的黄色恰变为橙色即为终点。计算 HCl 标准溶液的浓度。

(2)用硼砂 $Na_2B_4O_7 \cdot 10H_2O$ 标定。准确称取硼砂 0.4~0.6 g 3 份，分别倾入 3 个 250 mL 锥形瓶中，加水 50 mL 使之溶解，加入 2 滴甲基红指示剂，用待标定的 HCl 标准溶液滴定至溶液由黄色恰变为浅红色即为终点。根据硼砂的质量和滴定时所消耗的 HCl 标准溶液的体积，计算 HCl 标准溶液的浓度。

2. 总碱度的测定

准确称取试样约 2 g 倾入烧杯中，加少量水使其溶解，必要时可稍加热促进溶解。冷却后，将溶液定量转入 250 mL 容量瓶中，加水稀释至刻度，充分摇匀。平行移取试液 25.00 mL 3 份于锥形瓶中，加入 1~2 滴甲基橙指示剂，用 HCl 标准溶液滴定溶液由黄色恰变为橙色即为终点。计算试样中 Na_2O 或 Na_2CO_3 含量，即为总碱度。测定的各次相对偏差应在±0.5%以内。

五、思考题

(1)为什么配制 1 L 0.1 mol·L^{-1}HCl 标准溶液需要量取浓 HCl 溶液 9 mL？写出计算式。

(2)无水 Na_2CO_3 保存不当，吸收了 1%的水分，用此基准物质标定 HCl 标准溶液浓度时，会对其结果产生何种影响？

(3)甲基橙、甲基红及甲基红-溴甲酚绿混合指示剂的变色范围各为多少？混合指示剂的优点是什么？

(4)标定 HCl 的两种基准物质 Na_2CO_3 和 $Na_2B_4O_7 \cdot 10H_2O$ 各有哪些优缺点？

(5)在用 HCl 标准溶液滴定时，怎样使用甲基橙及酚酞两种指示剂来判别试样是由 NaOH-Na_2CO_3 组成的，还是由 Na_2CO_3-$NaHCO_3$ 组成的？

实验十三　铋、铅含量的连续滴定

一、实验目的

(1)了解用调节酸度提高 EDTA 选择性的原理。

(2)掌握用 EDTA 进行连续滴定的方法。

二、实验原理

混合离子的滴定常用控制酸度法、掩蔽法进行,可根据有关副反应系数原理进行计算,论证对它们分别滴定的可能性。

Bi^{3+}、Pb^{2+}均能与 EDTA 形成稳定的 1∶1 络合物,$\lg K$ 分别为 27.94 和 18.04。由于两者的 $\lg K$ 相差很大,故可利用酸效应,控制不同的酸度,进行分别滴定。在 $pH\approx1$ 时滴定 Bi^{3+},在 $pH=5\sim6$ 时滴定 Pb^{2+}。

在 Bi^{3+}、Pb^{2+}混合溶液中,首先调节溶液的 $pH\approx1$,以二甲酚橙为指示剂,Bi^{3+}与指示剂形成紫红色络合物(Pb^{2+}在此条件下不会与二甲酚橙形成有色络合物),用 EDTA 标准溶液滴定 Bi^{3+},当溶液由紫红色恰变为黄色,即为滴定 Bi^{3+}的终点。

$$Bi^{3+}+H_2Y^{2-}=\!=\!=BiY^{2-}+2H^+$$

在滴定 Bi^{3+}完后的溶液中,加入六亚甲基四胺溶液,调节溶液 $pH=5\sim6$,此时 Pb^{2+}与二甲酚橙形成紫红色络合物,溶液再次呈现紫红色,然后用 EDTA 标准溶液继续滴定,当溶液由紫红色恰转变为黄色时,即为滴定 Pb^{2+}的终点。

$$Pb^{2+}+H_2Y^{2-}=\!=\!=PbY^{2-}+2H^+$$

三、实验试剂

(1)EDTA 标准溶液。

(2)二甲酚橙　　　　$2\ g\cdot L^{-1}$。

(3)六亚甲基四胺溶液　　$200\ g\cdot L^{-1}$。

(4)HCl 溶液　　　　(1∶1)。

(5)Bi^{3}、Pb^{2+}混合液　　含 Bi^{3} 和 Pb^{2+}各约 $0.01\ mol\cdot L^{-1}$。

称取 48 g $Bi(NO_3)_3$、33 g $Pb(NO_3)_2$,移入含 312 mL HNO_3 的烧杯中,在电炉上微热溶解后,稀释至 10 L。

四、操作步骤

Bi^{3+}、Pb^{2+}混合溶液的测定。用移液管分别移取 25.00 mL Bi^{3+}、Pb^{2+}混合溶液 3 份于 3 个 250 mL 锥形瓶中,加入 1~2 滴二甲酚橙指示剂,用 EDTA 标准溶液滴定,当溶液由紫红色恰变为黄色,即为 Bi^{3+}的终点。根据消耗的 EDTA 标准溶液体积,计算混合溶液中 Bi^{3+}的含量

（以 g · L^{-1} 表示）。

在滴定 Bi^{3+} 完后的溶液中，滴加六亚甲基四胺溶液，至呈现稳定的紫红色后，再过量加入 5 mL 六亚甲基四胺，此时溶液的 pH 为 5~6。用 EDTA 标准溶液滴定，当溶液由紫红色恰变为黄色，即为终点。根据滴定结果，计算混合液中 Pb^{2+} 的含量（以 g · L^{-1} 表示）。

五、思考题

（1）描述连续滴定 Bi^{3+}、Pb^{2+} 过程中，锥形瓶中颜色变化的情形以及颜色变化的原因。

（2）为什么不用 NaOH、NaAc 或 $NH_3 \cdot H_2O$，而要用六亚甲基四胺调节 pH = 5~6？

（3）本实验中，能否先在 pH = 5~6 的溶液中，测定 Bi^{3+} 和 Pb^{2+} 的含量，然后调整到 pH ≈ 1 时测定 Bi^{3+} 含量？

实验十四 铁矿中全铁含量的测定

一、实验目的

(1)掌握 $K_2Cr_2O_7$ 标准溶液的配制及使用。

(2)学习矿石试样的酸溶法。

(3)学习 $K_2Cr_2O_7$ 法测定铁的原理及方法。

(4)对无汞定铁法有所了解,增强环保意识。

(5)了解二苯胺磺酸钠指示剂的作用原理。

二、实验原理

用 HCl 溶液分解铁矿石后,在热 HCl 溶液中,以甲基橙为指示剂,用 $SnCl_2$ 将 Fe^{3+} 还原至 Fe^{2+},并过量滴入 1~2 滴。经典方法是用 $HgCl_2$ 氧化过量的 $SnCl_2$,除去 Sn^{2+} 的干扰,但 $HgCl_2$ 会造成环境污染,因此本实验采用无汞定铁法。还原反应为

$$2FeCl_4^- + SnCl_4^{2-} + 2Cl^- \xlongequal{} 2FeCl_4^{2-} + SnCl_6^{2-}$$

使用甲基橙指示剂 $SnCl_2$ 还原 Fe^{3+} 的原理是:Sn^{2+} 将 Fe^{3+} 还原完后,过量的 Sn^{2+} 可将甲基橙还原为氢化甲基橙而褪色,不仅指示了还原的终点,Sn^{2+} 还能继续使氢化甲基橙还原成 N,N-二甲基对苯二胺和对氨基苯磺酸,过量的 Sn^{2+} 则可以消除。还原反应为

$$(CH_3)_2NC_6H_4N{=\!=}NC_6H_4SO_3Na \xrightarrow{2H^+} (CH_3)_2NC_6H_4NH{-\!-}NHC_6H_4SO_3Na \xrightarrow{2H^+} (CH_3)_2NC_6H_4H_2N + NH_2C_6H_4SO_3Na$$

以上反应为不可逆的,因而甲基橙的还原产物不消耗 $K_2Cr_2O_7$。

HCl 溶液浓度应控制在 4 $mol \cdot L^{-1}$,若大于 6 $mol \cdot L^{-1}$,Sn^{2+} 会先将甲基橙还原为无色,无法指示 Fe^{3+} 的还原反应;若小于 2 $mol \cdot L^{-1}$,则甲基橙褪色缓慢。

滴定反应为

$$6Fe^{2+} + Cr_2O_7^{2-} + 14H^+ \rightleftharpoons 6Fe^{3+} + 2Cr^{3+} + 7H_2O$$

滴定突跃范围为 0.93~1.34 V,使用二苯胺磺酸钠为指示剂时,由于它的条件电位为 0.85 V,因而需加入 H_3PO_4 使滴定生成的 Fe^{3+} 生成 $Fe(HPO_4)_2^-$ 而降低 Fe^{3+}/Fe^{2+} 电对的电位,使突跃范围变成 0.71~1.34 V,指示剂可以在此范围内变色,同时也消除了 $FeCl_4^-$(黄色)对终点观察的干扰,Sb(Ⅴ)、Sb(Ⅲ)干扰本实验,不应存在。

三、实验试剂

(1) $SnCl_2$	100 $g \cdot L^{-1}$,10 g $SnCl_2 \cdot 2H_2O$ 溶于 40 mL 浓热 HCl 溶液中,加水稀释至 100 mL。
(2) $SnCl_2$	50 $g \cdot L^{-1}$。

(3) $H_2SO_4-H_3PO_4$ 混酸　　将 15 mL 浓 H_2SO_4 缓慢加至 70 mL 水中，冷却后加入 15 mL 浓 H_3PO_4 混匀。

(4) 甲基橙　　1 g · L^{-1}。

(5) 二苯胺磺酸钠　　2 g · L^{-1}。

(6) $K_2Cr_2O_7$ 标准溶液　　$c\left(\frac{1}{6}K_2Cr_2O_7\right) = 0.050\ 00\ mol \cdot L^{-1}$。

将 $K_2Cr_2O_7$ 在 150~180 ℃ 干燥 2 h，于干燥器中冷却至室温。用指定质量称量法准确称取 0.612 7 g $K_2Cr_2O_7$ 于小烧杯中，加水溶解，定量转移至 250 mL 容量瓶中，加水稀释至刻度，摇匀。

四、实验步骤

准确称取铁矿石粉 1.0~1.5 g 于 250 mL 烧杯中，用少量水润湿，加入 20 mL 浓 HCl 溶液，盖上表面皿，在通风柜中低温加热分解试样，若有带色不溶残渣，可滴加 20 ~ 30 滴 100 g · L^{-1} $SnCl_2$ 助溶。试样分解完全时，残渣应接近白色（SiO_2），用少量水吹洗表面皿及烧杯壁，冷却后转移至 250 mL 容量瓶中，稀释至刻度并摇匀。

移取试样溶液 25.00 mL 于锥形瓶中，加 8 mL 浓 HCl 溶液，加热近沸，加入 6 滴甲基橙，趁热边摇动锥形瓶边逐滴加入 100 g · L^{-1} $SnCl_2$ 还原 Fe^{3+}。溶液由橙变红，再慢慢滴加 50 g · L^{-1} $SnCl_2$ 至溶液变为淡粉色，再摇几下直至粉色褪去。立即用流水冷却，加入 50 mL 蒸馏水、20 mL $H_2SO_4-H_3PO_4$ 混酸、4 滴二苯胺磺酸钠，立即用 $K_2Cr_2O_7$ 标准溶液滴定到呈现稳定的紫红色即为终点，平行测定 3 次，计算矿石中铁的含量（质量分数）。

五、思考题

(1) $K_2Cr_2O_7$ 为什么可以直接称量配制准确浓度的溶液？

(2) 分解铁矿石时，为什么要在低温下进行？如果加热至沸腾会对结果产生什么影响？

(3) $SnCl_2$ 还原 Fe^{3+} 的条件是什么？怎样控制 $SnCl_2$ 不过量？

(4) 以 $K_2Cr_2O_7$ 标准溶液滴定 Fe^{2+} 时，加入 H_3PO_4 的作用是什么？

实验十五　可溶性硫酸盐中硫的测定

一、实验目的

(1)了解重量法测定硫的基本原理。
(2)学会重量分析的基本操作。

二、实验原理

将可溶性硫酸盐试样溶于水中,用稀盐酸酸化,加热近沸,在不断地搅拌下,缓慢地滴加热 $BaCl_2$ 稀溶液,使生成难溶性硫酸钡沉淀。

$$Ba^{2+}+SO_4^{2-} \xlongequal{} BaSO_4\downarrow(白色)$$

硫酸钡是典型的晶形沉淀,因此应完全按照晶形沉淀的处理方法,所得沉淀经陈化后,过滤、洗涤、干燥和灼烧,最后以硫酸钡沉淀形式称量,求得试样中硫的含量。

1. 硫酸钡符合定量分析的要求

(1)硫酸钡的溶解度小,在常温下为 $1\times10^{-5}\ mol\cdot L^{-1}$,在 100 ℃时为 $1.3\times10^{-5}\ mol\cdot L^{-1}$,所以在常温和 100 ℃时每 100 mL 溶液中仅溶解 0.23~0.3 mg 硫酸钡,不超出误差范围,可以忽略不计。

(2)硫酸钡沉淀的组成精确地与其化学式相符合,化学性质非常稳定,因此凡含硫的化合物将其氧化成硫酸根以及钡盐中的钡离子都可用硫酸钡的形式来测定。

2. 盐酸的作用

(1)利用盐酸提高硫酸钡沉淀的溶解度,以得到较大晶粒的沉淀,有利于过滤沉淀。由实验得知,在常温下硫酸钡的溶解度约为

盐酸浓度/($mol\cdot L^{-1}$)	0.1	0.5	1.0	2.0
溶解度/($mg\cdot L^{-1}$)	10	47	87	101

所以在沉淀硫酸钡时,不要使酸度过高,最适宜是在 $0.1\ mol\cdot L^{-1}$ 以下(约 $0.05\ mol\cdot L^{-1}$)的盐酸溶液中进行,即可将硫酸钡的溶解量忽略不计。

(2)在 $0.05\ mol\cdot L^{-1}$ 盐酸浓度下,溶液中若含有草酸根、磷酸根、碳酸根与钡离子也不能发生沉淀,因此不会干扰。

(3)可防止盐类的水解作用,如有微量铁、铝等离子存在,在中性溶液中将因水解而生成碱式硫酸盐胶体微粒与硫酸钡一同沉淀出来。实验证明,溶液的酸度增大,会使三价离子共沉淀的作用有显著的减小。

3. 硫酸钡沉淀的灼烧

硫酸钡沉淀不能立即高温灼烧,因为滤纸碳化后对硫酸钡沉淀有还原作用

$$BaSO_4+2C \xlongequal{} BaS\downarrow+2CO_2\uparrow$$

应先以小火使带有沉淀的滤纸慢慢灰化变黑，而绝不可点火，如不慎着火，应立即盖上坩埚盖使其熄灭，否则除发生反应外，还能由于热空气流而吹走沉淀，必须特别注意。

如已发生还原作用，微量的硫化钡在充足空气中，可能氧化而重新成为硫酸钡

$$BaS+2O_2 \xlongequal{} BaSO_4\downarrow$$

若能灼烧达到恒重的沉淀，即上述氧化作用已告结束，沉淀已不含硫化钡。另外，灼烧沉淀的温度应不超过 800 ℃，且不宜时间太长，以避免发生下列反应

$$BaSO_4 \xrightarrow{\triangle} BaO+SO_3\uparrow$$

如果发生上述反应，则会导致误差，使结果偏低。

三、实验试剂

(1)盐酸　　2 $mol\cdot L^{-1}$。
(2)氯化钡　　10%。
(3)硝酸银　　0.1 $mol\cdot L^{-1}$。

四、实验步骤

准确称取在 100~200 ℃干燥过的试样 0.3 g(准确至十分之一)2 份，分别置于 400 mL 烧杯中，用水 50 mL 溶解，加入 2mol · L^{-1} 盐酸 6 mL，加水稀释到约 200 mL，盖上表面皿加热近沸。

另取 10%氯化钡溶液 10 mL 2 份，分别置于 100 mL 烧杯中，加水 40 mL，加热至沸腾。在不断地搅拌下，趁热用滴管吸取稀氯化钡溶液，逐滴加入试液中，沉淀作用完毕后，静置 2 min，待硫酸钡下沉，于上层清液中加入 1~2 滴氯化钡溶液，仔细观察有无混浊出现，以检验沉淀是否完全，盖上表面皿微沸 10 min，在室温下陈化 12 h，以使试液上面的悬浮微小晶粒完全沉下，溶液澄清。

过滤：取中速定量滤纸 2 张，按漏斗的大小折好滤纸使其与漏斗很好地贴合(见第二章第三节)，以去离子水润湿，并使漏斗颈内留有水柱，将漏斗置于漏斗架上，漏斗下面各放一只清洁的烧杯，利用倾泻法小心地把上层清液沿玻璃棒慢慢地倾入已准备好的漏斗中，尽可能不让沉淀倒入漏斗滤纸上，以免妨碍过滤和洗涤。当烧杯中清液已经倾注完后，用热水洗涤沉淀 4 次(倾泻法)，然后将沉淀定量转移到滤纸上，再用热水洗涤 7~8 次，用硝酸银检验不出现混浊(表示无氯离子)现象为止。沉淀洗净后，将盛有沉淀的滤纸折叠成小包，移入已在 800 ℃灼烧至恒重的瓷坩埚中烘干，灰化后再置于马弗炉中，在 800 ℃时灼烧 1 h，取出，置于干燥器内冷却至室温，称量。根据所得硫酸钡量，计算试样中 $w(S)$、$w(SO_4^{2-})$ 以及 $w(Na_2SO_4)$。

五、思考题

(1)沉淀硫酸钡时为什么要在稀溶液、稀盐酸介质中进行？搅拌的目的是什么？
(2)为什么沉淀硫酸钡要在热溶液中进行而在冷却后进行过滤？沉淀后为什么要陈化？
(3)用倾泻法过滤有什么优点？

实验十六 邻二氮菲吸光光度法测定铁含量
(条件试验和试样中铁含量的测定)

一、实验目的

(1)学习如何选择吸光光度分析的实验条件。

(2)掌握用吸光光度法测定铁含量的原理及方法。

(3)掌握分光光度计和吸量管的使用方法。

二、实验原理

吸光光度法测量铁含量所用的显色剂较多,有邻二氮菲(又称邻菲啰啉,菲绕林,Phen)及其衍生物、磺基水杨酸、硫氰酸盐、5-Br-PADAP 等。其中邻二氮菲分光光度法的灵敏度高,稳定性好,干扰容易消除,因而是目前普遍采用的一种方法。

在 pH 为 2~9 的溶液中,Fe^{2+} 与邻二氮菲(Phen)生成稳定的橙红色络合物 $Fe(Phen)_3^{2+}$:

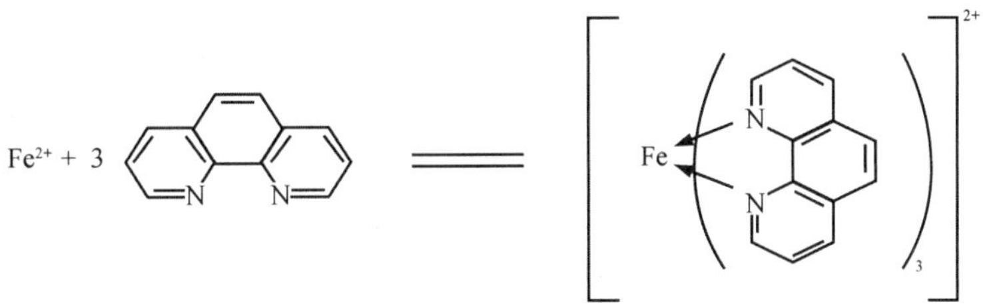

邻菲啰啉　　　　橙红色

其中 $\lg\beta_3=21.3$,摩尔吸光系数 $\varepsilon_{508}=1.1\times10^4\ L\cdot mol^{-1}\cdot cm^{-1}$。当 Fe^{3+} 为+3 价时,可用盐酸羟胺还原

$$2Fe^{3+}+2NH_2OH\cdot HCl = 2Fe^{2+}+N_2+4H^++2H_2O+2Cl^-$$

Cu^{2+}、Co^{2+}、Ni^{2+}、Cd^{2+}、Hg^{2+}、Mn^{2+}、Zn^{2+} 等离子也能与 Phen 生成稳定络合物,在少量情况下,不影响 Fe^{2+} 的测定,量大时可用 EDTA 隐蔽或预先分离。

吸光光度法的实验条件:如测量波长、溶液酸度、显色剂用量、显色时间、温度、溶剂以及共存离子干扰及其消除等,都是通过实验来确定的。本实验在测定试样中铁含量之前,先做部分条件试验,以便初学者掌握确定实验条件的方法。

条件试验的简单方法是:变动某实验条件,固定其余条件,测得一系列吸光度值,绘制吸光度—某实验条件的曲线,根据曲线确定某实验条件的适宜值或适宜范围。

三、实验仪器与试剂

(1)分光光度计、pH 计、50 mL 容量瓶 8 个(或比色管 8 支)、吸量管、烧杯。

（2）铁标准溶液 100 μg · mL^{-1}，准确称取 0.863 4 g $NH_4Fe(SO_4)_2 \cdot 12H_2O$（AR）于 200 mL 烧杯中，加入 20 mL 6 mol · L^{-1} HCl 溶液和少量水，溶解后转移至 1 L 容量瓶中，稀释至刻度，摇匀。

（3）邻二氮菲　　1.5 g · L^{-1}。

（4）盐酸羟胺　　100 g · L^{-1}（用时配制）。

（5）NaAc　　1 mol · L^{-1}。

（6）NaOH　　1 mol · L^{-1}。

（7）HCl　　6 mol · L^{-1}。

四、实验步骤

1. 条件试验

（1）吸收曲线的制作和测量波长的选择。用吸量管吸取 0.0 mL 和 1.0 mL 铁标准溶液分别注入两个 50 mL 容量瓶（或比色管）中，各加入 1 mL 盐酸羟胺溶液，摇匀。再加入 2 mL Phen、5 mL NaAc，用水稀释至刻度，摇匀。放置 10 min 后，用 1 cm 比色皿，以试剂空白（即 0.0 mL 铁标准溶液）为参比溶液，在 440~560 nm，每隔 10 nm 测一次吸光度，在最大吸收峰附近，每隔 5 nm 测量一次吸光度。在坐标纸上，以波长 λ 为横坐标，吸光度 A 为纵坐标，绘制 A 与 λ 关系的吸收曲线。从吸收曲线上选择测定铁的适宜波长，一般选用最大吸收波长 λ_{max} 为铁的适宜波长。

（2）溶液酸度的选择。取 8 个 50 mL 容量瓶（或比色管），用吸量管分别加入 1 mL 铁标准溶液和 1 mL 盐酸羟胺，摇匀，再加入 2 mL Phen，摇匀。用 5 mL 吸量管分别加入 0.0 mL、0.2 mL、0.5 mL、1.0 mL、1.5 mL、2.0 mL、2.5 mL 和 3.0 mL 1 mol · L^{-1}NaOH 溶液，用水稀释至刻度，摇匀。放置 10 min。用 1 cm 比色皿，以蒸馏水为参比溶液，在选择的波长下测定各溶液的吸光度。同时，用 pH 计测量各溶液的 pH。以 pH 为横坐标，吸光度 A 为纵坐标，绘制 A 与 pH 关系的酸度影响曲线，得出测定铁含量的适宜酸度范围。

（3）显色剂用量的选择。取 7 个 50 mL 容量瓶（或比色管），用吸量管分别加入 1 mL 铁标准溶液和 1 mL 盐酸羟胺，摇匀，再分别加入 0.1 mL、0.3 mL、0.5 mL、0.8 mL、1.0 mL、2.0 mL、4.0 mL Phen 和 5 mL NaAc 溶液，以水稀释至刻度，摇匀。放置 10 min。用 1 cm 比色皿，以蒸馏水为参比溶液，在选择的波长下测定各溶液的吸光度。以所取 Phen 溶液体积 V 为横坐标，吸光度 A 为纵坐标，绘制 A 与 V 关系的显色剂用量影响曲线。得出测定铁含量时显色剂的最适宜用量。

（4）显色时间。在一个 50 mL 容量瓶（或比色管）中，用吸量管分别加入 1 mL 铁标准溶液和 1 mL 盐酸羟胺，摇匀。再加入 2 mL Phen、5 mL NaAc 溶液，以水稀释至刻度，摇匀。立刻用 1 cm 比色皿，以蒸馏水为参比溶液，在选定的波长下测量吸光度。然后依次测量放置 5 min、10 min、30 min、60 min、120 min……后的吸光度。以时间 t 为横坐标，吸光度 A 为纵坐标，绘制 A 与 t 关系的显色时间影响曲线。得出铁与邻二氮菲显色反应完全所需要的适宜时间。

2. 铁含量的测定

（1）标准曲线的制作。用移液管吸取 10 mL 100 μg · mL^{-1} 铁标准溶液于 100 mL 容量瓶中，加入 2 mL 6 mol · mL^{-1} HCl 溶液，用水稀释至刻度，摇匀。此溶液 Fe^{3+} 的浓度为

$10\ \mu g \cdot mL^{-1}$。

在 6 个 50 mL 容量瓶(或比色管)中,用吸量管分别加入 0.00 mL、2.00 mL、4.00 mL、6.00 mL、8.00 mL、10.00 mL $10\ \mu g \cdot mL^{-1}$铁标准溶液,均加入 1 mL 盐酸羟胺,摇匀。再加入 2 mL Phen、5 mL NaAc 溶液,摇匀。用水稀释至刻度,摇匀后放置 10 min。用 1 cm 比色皿,以试剂空白(即 0.00 mL 铁标准溶液)为参比溶液,在所选择的波长下,测量各溶液的吸光度。以含铁量为横坐标,吸光度 A 为纵坐标,绘制标准曲线。

由绘制的标准曲线,重新查出某一铁浓度(适中)相应的吸光度,计算 Fe^{2+}-Phen 络合物的摩尔吸光系数 ε。

(2)试样中铁含量的测定。准确吸取适量试液于 50 mL 容量瓶(或比色管)中,按标准曲线的制作步骤,加入各种试剂,测量吸光度。从标准曲线上查出和计算试液中铁的含量(单位为 $\mu g \cdot mL^{-1}$)。

五、思考题

(1)实验量取各种试剂时应采用何种量器较为合适?为什么?

(2)试对所做条件试验进行讨论并选择适宜的测量条件。

(3)怎样用吸光光度法测定水样中的全铁(总铁)和亚铁的含量?试拟出简单步骤。

(4)制作标准曲线和进行其他条件试验时,加入试剂的顺序能否任意改变?为什么?

实验十七 间接碘量法测定铜盐中的铜含量

一、实验目的

(1)学习间接碘量法的原理和方法,熟悉碘量瓶的正确使用。

(2)了解淀粉指示剂的作用原理。

(3)掌握用间接碘量法测定铜盐中的铜含量的原理和方法。

二、实验原理

弱酸性条件下

$$2Cu^{2+}+5I^{-}=\!=\!=2CuI\downarrow+I_3^{-}$$

$$2S_2O_3^{2-}+I_3^{-}=\!=\!=S_4O_6^{2-}+3I^{-}$$

颜色变化:黄色$\xrightarrow{Na_2S_2O_3\text{滴定}}$浅黄色(加淀粉指示剂)$\xrightarrow{Na_2S_2O_3\text{滴定}}$蓝色$\xrightarrow{Na_2S_2O_3\text{滴定}}$浅蓝色(加 KSCN)$\xrightarrow{Na_2S_2O_3\text{滴定}}$米色或浅肉红色。

三、实验仪器与试剂

1. 仪器

分析天平、锥形瓶、移液管、酸式滴定管、量筒、烧杯。

2. 试剂

$Na_2S_2O_3$ 溶液(0.010 mol·L^{-1})、KI (100 g·L^{-1})、KSCN (100 g·L^{-1})、H_2SO_4(1 mol·L^{-1})、淀粉溶液(5 g·L^{-1})、$CuSO_4\cdot5H_2O$(试样)。

四、实验步骤

称取 $CuSO_4\cdot5H_2O$ 0.5~0.6 g 于锥形瓶中,加入 5 mL 1 mol·L^{-1} H_2SO_4、100 mL 水、10 mL 100 g·L^{-1} KI,立即用 $Na_2S_2O_3$ 溶液滴定至呈现浅黄色。加入 2 mL 淀粉指示剂,继续滴定至呈现浅蓝色,再加入 10 mL 100 g·L^{-1} KSCN,继续用 $Na_2S_2O_3$ 溶液滴定至溶液呈现米色或浅肉红色。平行测定 3 次。

计算公式:

$$2Cu^{2+}\cong I_2\cong 2S_2O_3^{2-}$$

$$w_{Cu}=\frac{c_{S_2O_3^{2-}}V_{S_2O_3^{2-}}\cdot M_{Cu}}{m}\times100\%$$

五、数据记录与处理(见表 3.15)

表 3.15 间接碘量法测定铜盐中的铜含量(指示剂:淀粉)

	1	2	3
合金质量 m/g			
初读数 $V_1(Na_2S_2O_3)$/mL			
终读数 $V_2(Na_2S_2O_3)$/mL			
$V(Na_2S_2O_3)$/mL			
w(Cu)/%			
$\bar{w}$(Cu)/%			
相对平均偏差 $\bar{d}_r$/%			

六、思考题

(1)本实验加入 KI 的作用是什么?

(2)本实验为什么要加入 KSCN,且为什么不能过早地加入?

(3)若试样中含有铁,则加入何种试剂可以消除铁对测定铜的干扰并控制溶液的 pH?

实验十八　高锰酸钾标准溶液的配制与标定

一、实验目的

(1)了解 $KMnO_4$ 标准溶液的配制和标定方法。

(2)熟悉 $KMnO_4$ 与 $Na_2C_2O_4$ 的反应条件，正确判断滴定终点。

二、实验原理

1. 不能直接配制 $KMnO_4$ 标准溶液，而采用间接配制法的原因

市售 $KMnO_4$ 试剂常含有少量 MnO_2 和其他杂质，蒸馏水中含有少量有机物质。它们能将 $KMnO_4$ 还原为 $MnO(OH)_2$，而 $MnO(OH)_2$ 又能促进 $KMnO_4$ 的自身分解，其反应式为

$$4MnO_4^- + 2H_2O = 4MnO_2 + 3O_2\uparrow + 4OH^-$$

$KMnO_4$ 溶液见光时分解得更快。

2. 标定 $KMnO_4$ 标准溶液的基准物质

As_2O_3、铁丝、$H_2SO_4 \cdot 2H_2O$ 和 $Na_2C_2O_4$ 等，其中以 $Na_2C_2O_4$ 最常用。$Na_2C_2O_4$ 易纯制、不易吸湿、性质稳定。

3. 标定原理

(1)在 H_2SO_4 介质中进行。一是注意酸度不能过高或过低；二是不能用 HNO_3 或 HCl 调节酸度。

(2)$KMnO_4$ 作自身指示剂。

(3)加热到 70~80 ℃。

H_2SO_4 介质中，温度加热到 70~80 ℃，其反应式为

$$2MnO_4^- + 5C_2O_4^{2-} + 16H^+ \xlongequal{\quad} 2Mn^{2+} + 10CO_2\uparrow + 8H_2O$$

$KMnO_4$ 作自身指示剂，终点颜色呈现微红色且半分钟不褪色。

三、实验仪器与试剂

1. 仪器

分析天平、锥形瓶、移液管、酸式滴定管、微孔玻璃漏斗(或玻璃棉)、棕色试剂瓶。

2. 试剂

$Na_2C_2O_4$(基准试剂)、H_2SO_4($3\ mol \cdot L^{-1}$)、$KMnO_4$(固体)。

四、实验步骤

1. 0.02 mol · L^{-1} $KMnO_4$ 标准溶液的配制

在台秤上称取 1.8 g $KMnO_4$ 溶解于 500 mL 的去离子水中，加热煮沸 0.5 h，冷却后在暗处放置一周。然后用微孔玻璃漏斗（或玻璃棉）过滤，滤液贮存于棕色试剂瓶中备用。

2. 基准物质 $Na_2C_2O_4$ 的称取及溶解

准确称取 3 份 0.13～0.16 g 基准物质 $Na_2C_2O_4$，分别置于清洁的 250 mL 锥形瓶中，加入 40 mL 水溶解。

3. $KMnO_4$ 标准溶液的标定

溶解后的 $Na_2C_2O_4$ 溶液，加入 10 mL 3 mol · L^{-1} H_2SO_4，加热至 70～80 ℃，趁热用 $KMnO_4$ 标准溶液滴定到溶液呈现微红色且半分钟不褪色即为终点，记录消耗 $KMnO_4$ 标准溶液的体积，平行标定 3 次的偏差应小于 0.05 mL。根据称取 $Na_2C_2O_4$ 基准物的质量、消耗 $KMnO_4$ 标准溶液的体积，计算 $KMnO_4$ 标准溶液的浓度。

五、数据记录与处理（见表 3.16）

表 3.16　高锰酸钾标准溶液的配制与标定

	1	2	3
$Na_2C_2O_4$ 质量 m/g			
$Na_2C_2O_4$ 摩尔质量/g · mL^{-1}			
初读数 $V_1(KMnO_4)$/mL			
终读数 $V_2(KMnO_4)$/mL			
$V(KMnO_4)$/mL			
$KMnO_4$ 标准浓度/g · mL^{-1}			
$KMnO_4$ 平均标准浓度/g · mL^{-1}			
相对平均偏差 $\bar{d}_r$/%			

六、思考题

（1）配制 $KMnO_4$ 标准溶液时，为什么要将 $KMnO_4$ 溶液煮沸一定时间并放置数天？配好的 $KMnO_4$ 标准溶液为什么要过滤后才能保存？过滤时是否可以用滤纸？

（2）配制好的 $KMnO_4$ 标准溶液为什么要盛放在棕色试剂瓶中保护？如果没有棕色试剂瓶怎么办？

（3）在滴定时，$KMnO_4$ 标准溶液为什么要放在酸式滴定管中？

（4）用 $Na_2C_2O_4$ 标定 $KMnO_4$ 标准溶液的时候，为什么必须在 H_2SO_4 介质中进行？酸度过高或过低对其有何影响？可以用 HNO_3 或 HCl 调节酸度吗？为什么要加热到 70～80 ℃？溶液温度过高或过低对其有何影响？

（5）标定 $KMnO_4$ 标准溶液时，为什么第一滴 $KMnO_4$ 标准溶液加入后溶液的红色褪去很慢，而之后红色褪去越来越快？

（6）盛放 $KMnO_4$ 标准溶液的烧杯或锥形瓶等容器放置较久后，其壁上常有棕色沉淀物，它是什么？此棕色沉淀物用通常方法不容易洗净，应怎样洗涤才能除去此沉淀？

实验十九　高锰酸钾法测定过氧化氢的含量

一、实验目的

(1)学会用 $KMnO_4$ 法测定双氧水中 H_2O_2 的含量的原理和方法。

(2)掌握滴定终点的判断方法。

二、实验原理

过氧化氢具有还原性,在酸性介质和室温条件下能被高锰酸钾定量氧化,其反应方程式为

$$2MnO_4^- + 5H_2O_2 + 6H^+ = 2Mn^{2+} + 5O_2\uparrow + 8H_2O$$

$KMnO_4$ 为自身指示剂,终点颜色是微红色(半分钟内不褪色)。

三、实验仪器与试剂

1. 仪器

分析天平、锥形瓶、移液管、酸式滴定管。

2. 试剂

H_2O_2 溶液(待测)、H_2SO_4(3 mol · L^{-1})、$KMnO_4$(0.02 mol · L^{-1})。

四、实验步骤

1. 待测溶液的配制

移取 H_2O_2 溶液 1.00 mL 置于 100 mL 容量瓶中,加水稀释,定容,摇匀。

2. 含量的测定

移取配制得到的 H_2O_2 溶液 25.00 mL 于锥形瓶中,加入 3 mol · L^{-1} H_2SO_4 5 mL,用 $KMnO_4$ 标准溶液滴定到溶液呈现微红色,且半分钟不褪色即为终点。平行测定 3 次。

计算公式:

$$\rho_{H_2O_2} = \frac{\frac{5}{2}(c_{MnO_4^-}V_{MnO_4^-}) \cdot M_{H_2O_2} \times 10^{-3}}{1.00 \times \frac{25.00}{100.00} \times 10^{-3}} \quad (g \cdot L^{-1})$$

五、数据记录与处理(数据记录表格自行设计)

六、思考题

(1)用高锰酸钾法测定 H_2O_2 时,能否用 HNO_3 或 HCl 来控制酸度?

(2)用高锰酸钾法测定 H_2O_2 时,为何不能通过加热的方法来加速反应?

实验二十 EDTA 标准溶液的配制与标定

一、实验目的

(1)了解 EDTA 标准溶液的配制与标定的原理。

(2)掌握常用的标定 EDTA 标准溶液的方法。

(3)掌握配位滴定法的条件选择、指示剂的使用及终点的判断。

二、实验原理

乙二胺四乙酸(简称 EDTA,常用 H_4Y 表示)难溶于水,常温下其溶解度为 0.2 g·L^{-1},在分析中不适用,通常使用其二钠盐配制标准溶液。乙二胺四乙酸二钠盐的溶解度为 120 g·L^{-1},可配成 0.3 mol·L^{-1} 以上的溶液,其水溶液 pH=4.8,通常采用间接法配制标准溶液。

标定 EDTA 标准溶液常用的基准物有 Zn、ZnO、$CaCO_3$、Bi、Cu、$MgSO_4\cdot 7H_2O$、Hg、Ni、Pb 等。通常选用其中与被测组分相同的物质作基准物,这样滴定条件较一致。

EDTA 标准溶液若用于测定石灰石或白云石中 CaO、MgO 的含量,则宜用 $CaCO_3$ 为基准物。首先可加 HCl 溶液与之反应,其反应如下

$$CaCO_3+2HCl \xlongequal{} CaCl_2+H_2O+CO_2\uparrow$$

然后把溶液转移到容量瓶中并稀释,制成钙标准溶液。吸取一定量钙标准溶液,调节酸度至 pH≥12,用钙指示剂作指示剂,以 EDTA 滴定至溶液从酒红色变为纯蓝色,即为终点。其变色原理如下:钙指示剂(常以 H_3Ind 表示)在溶液中按下式电离

$$H_3Ind \xlongequal{} 2H^++HInd^{2-}$$

在 pH≥12 溶液中,$HInd^{2-}$ 与 Ca^{2+} 离子形成比较稳定的络离子,反应如下

$$\underset{\text{纯蓝色}}{HInd^{2-}}+Ca^{2+} \xlongequal{} \underset{\text{酒红色}}{CaInd^-}+H^+$$

所以在钙标准溶液中加入钙指示剂,溶液呈现酒红色,当用 EDTA 标准溶液滴定时,由于 EDTA 与 Ca^{2+} 形成比 $CaInd^-$ 络离子更稳定的络离子,因此在滴定终点附近,$CaInd^-$ 络离子不断转化为较稳定的 CaY^{2-} 络离子,钙指示剂则被游离出来,其反应可表示如下

$$CaInd^-+H_2Y^{2-} \xlongequal{} CaY^{2-}+HInd^{2-}+H_2O$$

由于 CaY^{2-} 离子无色,所以到达终点时溶液由酒红色变成纯蓝色。

用此法测定钙,若与 Mg^{2+} 共存[在调节溶液酸度为 pH≥12 时,Mg^{2+} 将形成 $Mg(OH)_2$ 沉淀],此共存的少量 Mg^{2+} 不仅不干扰钙的测定,而且会使终点比 Ca^{2+} 单独存在时更敏锐。当 Ca^{2+}、Mg^{2+} 共存时,终点由酒红色变成纯蓝色,当 Ca^{2+} 单独存在时则由酒红色变成紫蓝色,所以测定单独存在的 Ca^{2+} 时,常常加入少量 Mg^{2+} 溶液。

EDTA 若用于测定 Pb^{2+}、Bi^{3+},则宜以 ZnO 或金属锌为基准物,以二甲酚橙为指示剂,在 pH 为 5~6 的溶液中,二甲酚橙为指示剂本身呈现黄色,与 Zn^{2+} 的络合物呈现紫红色。EDTA 与

Zn^{2+}形成更稳定的络合物，因此用 EDTA 标准溶液滴定至近终点时，二甲酚橙被游离出来，溶液由紫红色变成黄色。

络合滴定中所用的蒸馏水，应不含 Fe^{3+}、Al^{3+}、Cu^{2+}、Ca^{2+}、Mg^{2+}等杂质离子。

三、实验仪器与试剂

1. 仪器

分析天平、细口瓶、表面皿、容量瓶、锥形瓶、酸式滴定管、烧杯。

2. 试剂

(1) 以 $CaCO_3$ 为基准物质时所用试剂。

乙二胺四乙酸二钠（待测）、$CaCO_3$（固体）、氨水（1∶1）、HCl 溶液（1∶1）、镁溶液（溶解 1 g $MgSO_4 \cdot 7H_2O$ 于水中，稀释至 200 mL）、钙指示剂（固体指示剂）、NaOH 溶液（10%）。

(2) 以 ZnO 为基准物质时所用试剂。

ZnO（固体）、HCl 溶液（1∶1）、氨水（1∶1）、二甲酚橙指示剂（0.2%水溶液）、六亚甲基四胺溶液（200 $g \cdot L^{-1}$）。

四、实验步骤

1. 0.02 $mol \cdot L^{-1}$ EDTA 标准溶液的配制

在天平上称取乙二胺四乙酸二钠 7.6 g，溶解于 300~400 mL 温水中，稀释至 1 L，如溶液混浊，应过滤，转移至 1 000 mL 细口瓶中，摇匀，贴上标签，注明试剂名称、配制日期、配制人。

2. 以 $CaCO_3$ 为基准物标定 EDTA 标准溶液

(1) 0.02 $mol \cdot L^{-1}$ 钙标准溶液的配制

置碳酸钙基准物于称量瓶中，在 110 ℃干燥 2 h，冷却后，准确称取 0.2~0.25 g 碳酸钙于 250 mL 烧杯中，盖上表面皿，加水润湿，再从烧杯嘴边逐滴加入数毫升 HCl 溶液（1∶1）至完全溶解，用水把可能溅到表面皿上的溶液淋洗入烧杯中，加热使其接近沸腾，待冷却后转移至 250 mL 容量瓶中，稀释至刻度，摇匀，贴上标签，注明试剂名称、配制日期、配制人。

(2) 用钙标准溶液标定 EDTA 标准溶液

用移液管移取 25.00 mL 钙标准溶液于 250 mL 锥形瓶中，加入约 25 mL 水、2 mL 镁溶液，10 mL 10%NaOH 溶液及约 10 mg（米粒大小）钙指示剂，摇匀后，用 EDTA 标准溶液滴定至溶液从红色变为蓝色，即为终点。

3. 以 ZnO 为基准物标定 EDTA 标准溶液

(1) 锌标准溶液的配制

准确称取在 800~1 000 ℃灼烧（需 20 min 以上）过的基准物 ZnO 0.5~0.6 g 于 100 mL 烧杯中，用少量水润湿，然后逐滴加入 6 $mol \cdot L^{-1}$ HCl，边加边搅拌至完全溶解为止，然后，定量转移入 250 mL 容量瓶中，稀释至刻度并摇匀，贴上标签，注明试剂名称、配制日期、配制人。

(2) 用锌标准溶液标定 EDTA 标准溶液

移取 25.00 mL 锌标准溶液于 250 mL 锥形瓶中，加约 30 mL 水、2~3 滴二甲酚橙指示剂，先加氨水（1∶1）至溶液由黄色刚变为橙色，然后滴加 20%六亚甲基四胺至溶液呈现稳定的紫红色，再多加 3 mL 20%六亚甲基四胺，用 EDTA 溶液滴定至溶液由红紫色变成亮黄色，即为终点。

五、数据记录与处理（数据记录表格自行设计）

六、思考题

（1）络合滴定中为什么加入缓冲溶液？

（2）以 Na_2CO_3 为基准物、以钙指示剂为指示剂标定 EDTA 溶液时，应控制溶液的酸度为多大？为什么？如何控制？

（3）以二甲酚橙为指示剂，用 Zn^{2+} 标定 EDTA 溶液的实验中，溶液的 pH 为多少？

（4）络合滴定法与酸碱滴定法相比，有哪些不同点？操作中应注意哪些问题？

实验二十一　水样中化学需氧量(COD)的测定

水样的需氧量是水质污染程度的重要指标之一,主要分为生物需氧量(BOD)和化学需氧量(COD)两种。化学需氧量(COD)是指在一定条件下,用强氧化剂处理水样时所消耗的氧化剂的量,通常用1 L水所消耗的O_2的量表示。

测定化学需氧量(COD)的方法主要有两种:重铬酸钾法和酸性高锰酸钾法。本实验详细介绍这两种测定水样中化学需氧量的方法。

重铬酸钾法

一、实验目的

掌握重铬酸钾法测定水样中化学需氧量的原理及方法。

二、实验原理

在强酸性条件下,在水样中加入过量的重铬酸钾($K_2Cr_2O_7$)标准溶液,待其与水样中还原性物质充分反应后,以邻菲啰啉为指示剂,用硫酸亚铁铵标准溶液返滴定剩余的$K_2Cr_2O_7$标准溶液。根据消耗的$K_2Cr_2O_7$标准溶液的体积和浓度,计算水样的需氧量。对于氯离子的干扰测定,可在回流前加硫酸银除去。

反应式为:

$$Cr_2O_7^{2-} + 6Fe^{2+} + 14H^+ = 2Cr^{3+} + 6Fe^{3+} + 7H_2O$$

水样中COD的计算:

$$COD = \frac{(V_0 - V_1) \times c \times 8 \times 1\ 000}{V_{水样}} \quad (mg \cdot L^{-1})$$

其中,V_0——滴定空白时硫酸亚铁铵标准溶液的用量, mL;

V_1——滴定水样时硫酸亚铁铵标准溶液的用量, mL;

c——硫酸亚铁铵标准溶液的浓度,mg · L^{-1};

$V_{水样}$——水样的体积, mL。

三、实验仪器与试剂

1. 仪器

回流装置一套、电炉、50 mL酸式滴定管、锥形瓶。

2. 试剂

$K_2Cr_2O_7$标准溶液,试亚铁灵指示剂,硫酸亚铁铵标准溶液,硫酸-硫酸银溶液。

四、实验步骤

1. 硫酸亚铁铵标准溶液的标定

准确移取 10.00 mL $K_2Cr_2O_7$ 标准溶液置于 250 mL 锥形瓶中，加入 100 mL 水，缓慢加入 30 mL 浓硫酸溶液，边加入，边摇匀，再加入 2～3 滴指示剂。用硫酸亚铁铵标准溶液滴定，溶液由黄色变为红褐色即为终点，记录硫酸亚铁铵标准溶液的体积。平行测定 3 次。

2. 水样中 COD 的测定

取 20.00 mL 水样置于 250 mL 回流锥形瓶中，准确加入 10.00 mL $K_2Cr_2O_7$ 标准溶液及几粒沸石，加入 30 mL 硫酸-硫酸银溶液，轻摇锥形瓶使内置溶液混匀，连接磨口回流冷凝管，加热回流 2 h。冷却后，用 90 mL 水冲洗冷凝管壁，取下锥形瓶。此时总溶液体积不要少于 140 mL。溶液再次冷却后，加 2～3 滴指示剂，用硫酸亚铁铵标准溶液滴定至溶液呈现红褐色，即为终点。记录所消耗硫酸亚铁铵标准溶液的体积。平行测定 3 次。

用 20.00 mL 蒸馏水代替水样进行上述实验，测定空白值。计算化学需氧量。

五、数据记录与处理（见表 3.17、表 3.18）

表 3.17 硫酸亚铁铵标准溶液的标定

记录项目	1	2	3
$K_2Cr_2O_7$ 标准溶液体积/mL			
硫酸亚铁铵标准溶液体积初读数/mL			
硫酸亚铁铵标准溶液体积终读数/mL			
$V_{硫酸亚铁铵}$/mL			
$c_{硫酸亚铁铵}$/ $mol \cdot L^{-1}$			
$\bar{c}$/$mol \cdot L^{-1}$			
绝对偏差 w/%			
平均绝对偏差 $\bar{w}$/%			
相对平均偏差 $\bar{d}$/%			

表 3.18 COD 的测定

记录项目		1	2	3
样品测定	水样体积/mL			
	硫酸亚铁铵标准溶液体积初读数/mL			
	硫酸亚铁铵标准溶液体积终读数/mL			
	$V_{硫酸亚铁铵}$/mL			

（续表）

记录项目		1	2	3
空白实验	蒸馏水体积/mL			
	硫酸亚铁铵标准溶液体积初读数/mL			
	硫酸亚铁铵标准溶液体积终读数/mL			
	$V_{硫酸亚铁铵}$/mL			
水样中化学需氧量/mg·L^{-1}				
水样中化学需氧量（平均值）/mg·L^{-1}				

六、思考题

（1）回流时加入硫酸-硫酸银溶液的作用？
（2）影响 COD 测定的因素？

高锰酸钾法

一、实验目的

掌握高锰酸钾法测定水样中化学需氧量的原理及方法。本法适用于大洋和近岸海水及河口水化学需氧量（COD）的测定。

二、实验原理

在碱性加热条件下，用已知量并且是过量的高锰酸钾，氧化海水中的需氧物质。然后在硫酸酸性条件下，用碘化钾还原过量的高锰酸钾和二氧化锰，所生成的游离碘用硫代硫酸钠标准溶液滴定。

三、实验仪器与试剂

1. 仪器及设备

（1）溶解氧滴定管：容量 25 mL；
（2）定量加液器：容量 5 mL；
（3）移液管：容量 2 mL、10 mL；
（4）碘量瓶：容量 250 mL；
（5）具塞三角烧瓶：容量 250 mL；
（6）试剂瓶：容量 500 mL、棕色瓶 2 500 mL、10 000 mL、聚乙烯瓶 1 000 mL；
（7）量筒：容量 100 mL、500 mL、1 000 mL；
（8）滴瓶：容量 125 mL；
（9）玻璃砂芯漏斗：G4；
（10）定时钟或秒表；

(11)电磁搅拌器:转速可调至(140~150) r/min;

(12)玻璃磁转子:直径 3~5 mm,长 25 mm;

(13)双联打气球;

(14)电热板:1 000 W;

(15)其他仪器和设备。

2. 试剂

(1)氢氧化钠溶液:称取 250 g 氢氧化钠(NaOH)溶于 1 000 mL 水中,盛于聚乙烯瓶中。

(2)硫酸溶液(1+3):在搅拌下将 1 体积浓硫酸(H_2SO_4,ρ=1.84 g/mL)慢慢加入 3 体积水中,趁热滴加高锰酸钾溶液,至溶液略呈微红色不变为止盛于试剂瓶中。

(3)碘酸钾标准溶液[c(1/6 KIO_3)为 0.010 mol/L]:称取 3.567 g 碘酸钾(KIO_3)(优级纯,预先在 120 ℃烘 2 h,置于干燥器中冷却)溶于水中,全部移入 1 000 mL 棕色量瓶中,稀释至标线,混匀。置于阴暗处,有效期为 1 个月,为此溶液浓度为 0.100 mol/L。使用时稀释 10 倍,即得 0.010 mol/L 碘酸钾标准溶液。

硫代硫酸钠标准溶液[c($Na_2S_2O_3\cdot 5H_2O$)为 0.01 mol/L];称取 25 g 硫代硫酸钠($Na_2S_2O_35H_2O$),用刚煮沸冷却的水溶解,加入约 2 g 碳酸钠,移入棕色试剂瓶中,稀释至 10 L,混匀,置于阴凉处。

(4)硫代硫酸钠标准溶液的标定:移取 10.00 mL 碘酸钾标准溶液沿壁流入量瓶中,用少量水冲洗瓶壁,加入 0.5 g 碘化钾,沿壁注入 1.0 mL 硫酸溶液,塞好瓶塞,轻荡混匀,加少许水封口,在暗处放置 2 min。轻轻旋开瓶塞,沿壁加入 50 mL 水,在不断振摇作用下,用硫代硫酸钠标准溶液滴定至溶液呈淡黄色,加入 1 mL 淀粉溶液,继续滴定至溶液蓝色刚褪去为止。重复标定,至两次滴定读数差小于 0.05 mL 为止。按下式计算其浓度

$$c=\frac{10.00\times 0.010}{V}$$

式中:c——硫代硫酸钠标准溶液的浓度,mol/L;

V——硫代硫酸钠标准溶液的体积,mL。

(5)高锰酸钾溶液:[c_1/5$KMnO_4$ 为 0.01 mol/L];称取 3.2 g $KMnO_4$,溶于 200 mL 水中,加热煮沸 10 min,冷却,移入棕色试剂瓶中,稀释至 10 L,混匀。放置 7 d 左右,用磨砂漏斗过滤。

(6)淀粉溶液(5 g/L):称取 1 g 可溶性淀粉,用少量水搅成糊状,加入 100 mL 煮沸的水混匀,继续煮至透明。冷却后加入 1 mL 乙酸,稀释至 200 mL,盛于试剂瓶中。

(7)碘化钾(KI)。

四、实验步骤

样品测定按以下步骤进行:

(1)取 100 mL 水样于 250 mL 锥形瓶中(测平行双样,若有机物含量高,可少取水样),加蒸馏水稀释至 100 mL 加入 1 mL 氢氧化钠溶液混匀,加入 10.00 mL 高锰酸钾溶液,混匀。

(2)于电热板上加热至煮沸,准确煮沸 10 min,从冒出第一个气泡时开始计时,然后迅速冷却到室温。

(3)用定量加液器加 5 mL 硫酸溶液,加 0.5 g 碘化钾,混匀,在暗处放置 5 min。在不断振摇或电磁搅拌作用下,用已标定的硫代硫酸钠标准溶液滴定至溶液呈现淡黄色,加入 1 mL 淀

粉溶液,继续滴至蓝色刚褪去为止,记下滴定数 V_1。两平行样滴定读数相差不超过 0.10 mL。

(4)另取 100 mL 重蒸馏水代替水样,按步骤 1~3 测定分析空白滴定值 V_2。

五、记录与计算

将滴定管读数(V_1,V_2)记入表中。按下式计算化学需氧量。

$$COD = \frac{c(V_2 - V_1) \times 8.0}{V} \times 1\ 000$$

式中:COD——水样的化学需氧量,mg/L;

c——硫代硫酸钠标准溶液的浓度,mol/L;

V_2——分析空白值滴定消耗硫代硫酸钠标准溶液的体积,mL;

V_1——滴定样品时硫代硫酸钠标准溶液的体积,mL;

V——取水样体积,mL。

六、注意事项

本方法操作中应注意如下事项:

(1)除非另作说明,本方法所用试剂均为分析纯,水为蒸馏水或等效纯水;

(2)水样加热完毕,应冷却至室温,再加入硫酸和碘化钾,否则游离碘挥发而造成误差;

(3)化学需氧量的测定是在一定反应条件下试验的结果,是一个相对值,所以测定时应严格控制条件,如试剂的用量、加入试剂的次序、加热时间及加热温度,加热前溶液的总体积等都必须保持一致;

(4)用于制备碘酸钾标准溶液的纯水和玻璃器皿须经煮沸处理,否则碘酸钾标准溶液易分解。

七、数据记录与处理(如表 3.19 所示)

表 3.19 高锰酸钾溶液的标定

记录项目		1	2	3
样品测定	水样体积/mL			
	硫酸亚铁铵标准溶液体积初读数/mL			
	硫酸亚铁铵标准溶液体积终读数/mL			
	$V_{硫酸亚铁铵}$/mL			
空白实验	蒸馏水体积/mL			
	硫酸亚铁铵标准溶液体积初读数/mL			
	硫酸亚铁铵标准溶液体积终读数/mL			
	$V_{硫酸亚铁铵}$/mL			
水样中化学需氧量/mg · L^{-1}				
水样中化学需氧量(平均值)/mg · L^{-1}				

八、思考题

(1) 水样的取量为什么视水质的情况而定？

(2) 如何避免水样中 Cl^- 对测定结果的影响？

第四章 分析化学虚拟仿真实验

实验一　环境水样中化学需氧量(COD)的测定

一、实验目的

(1)熟悉滴定管、移液管的使用及操作步骤。

(2)掌握重铬酸钾法测定水样中化学需氧量的原理和过程。

(3)能够对实际环境水样进行分析和评价。

二、实验原理

化学需氧量(COD)是评价水体污染程度的重要指标之一,也是废水监测中的必检项目。测定地表水、生活污水、工业废水等水体COD常用的方法为重铬酸钾法。

其原理为:在强酸、加热回流条件下,以银盐作催化剂,在水样中加入过量的重铬酸钾($K_2Cr_2O_7$)标准溶液,待其与水样中还原性物质充分反应后,以邻菲啰啉为指示剂,用硫酸亚铁铵标准溶液滴定未被还原的$K_2Cr_2O_7$。根据消耗的$K_2Cr_2O_7$标准溶液的体积和浓度,计算出消耗氧的质量浓度。

反应式为

$$Cr_2O_7^{2-} + 6Fe^{2+} + 14H^+ = 2Cr^{3+} + 6Fe^{3+} + 7H_2O$$

对于氯离子的干扰测定,可在回流前加硫酸汞除去。

三、实验仪器与试剂

1. 仪器与设备

环境水样中化学需氧量(COD)测定虚拟仿真实验主要包括以下仪器与设备:

(1)回流装置:风冷或水冷全玻璃回流装置,或其他等效冷凝回流装置。

(2)加热装置:电炉或其他等效消解装置。

(3)酸式滴定管:25 mL或50 mL。

(4)移液枪:量程 1~10 mL。
(5)磨口锥形瓶:250 mL。
(6)防爆沸石(或玻璃珠)。

2. 试剂

(1)硫酸(优级纯)。
(2)重铬酸钾(基准试剂)。
(3)硫酸银(分析纯)。
(4)硫酸汞(分析纯)。
(5)硫酸亚铁铵(分析纯)。
(6)七水合硫酸亚铁(分析纯)。
(7)邻菲啰啉指示剂溶液;
(8)蒸馏水。

四、实验步骤

1. 待测水样的前处理

(1)在锥形瓶中加入 10.00 mL 待测水样

①点击移液枪,点击更换枪头为移液枪更换新枪头,点击准备移取将移液枪按至第一触点准备吸取溶液;

②点击待测水样试剂瓶,点击吸取溶液,移液枪将吸取 10.00 mL 待测水样;

③点击注入锥形瓶,选择磨口锥形瓶,点击移取将移液枪按至第二触点,点击确认,将 10.00 mL 待测水样移入磨口锥形瓶。

(2)加入硫酸汞溶液

①点击移液枪,点击更换枪头为移液枪更换新枪头,点击准备移取将移液枪按至第一触点准备吸取溶液。(提示问题:硫酸汞有剧毒,在实际操作中应避免与其直接接触,样品前处理过程应在通风柜中进行。)

②点击硫酸汞溶液试剂瓶,点击吸取溶液,移液枪将吸取 500 μL 硫酸汞溶液。(思考问题:为什么要加入硫酸汞?)

③点击注入锥形瓶,选择磨口锥形瓶,移液枪按至第二触点,点击确认,将 500 μL 硫酸汞溶液移入磨口锥形瓶。(讨论问题:硫酸汞溶液的加入量如何考量?)

(3)加入 5.00 mL 重铬酸钾标准溶液

①点击移液枪,点击更换枪头为移液枪更换新枪头,点击准备移取将移液枪按至第一触点准备吸取溶液。(思考问题:什么是基准试剂?)

②点击重铬酸钾溶标准溶液试剂瓶,点击吸取溶液,移液枪将吸取 5.00 mL 重铬酸钾标准溶液。(思考问题:什么是标准溶液? 重铬酸钾溶标准溶液的配制方法?)

③点击注入锥形瓶,选择磨口锥形瓶,移液枪按至第二触点,点击确认,将 5.00 mL 重铬酸钾标准溶液移入磨口锥形瓶。(讨论问题:硫酸汞和重铬酸钾标准溶液的加入顺序可否改变?)

(4)加入防爆沸石(玻璃珠)

①点击玻璃珠,点击注入锥形瓶,选择磨口锥形瓶,将几颗玻璃珠加入锥形瓶中。(思考问题:什么是基准试剂?)

②点击摇匀,选择磨口锥形瓶,摇动锥形瓶使瓶内试剂混合均匀。

2. 微沸回流消解过程

(1)消解前的准备工作

①点击锥形瓶,点击回流装置,将锥形瓶连接到回流装置冷凝管下端;

②点击硫酸银-硫酸溶液试剂瓶,点击加入,从冷凝管上端缓慢加入 15.00 mL 硫酸银-硫酸溶液;

③点击摇动,将锥形瓶同时连续水平摇动,使瓶内溶液混匀;

(2)回流消解过程

①点击开关按钮,开启消解装置;

②点击加热按钮开始加热;

③点击沸腾,锥形瓶内出现蒸气;

④点击设定消解时间,显示屏显示时间 2 h;

⑤点击回流,自溶液沸腾时开始计时,保持微沸回流 2 h;

⑥点击关闭,微沸回流过程结束;

(3)消解后的处理工作

①点击风冷,将锥形瓶初步冷却;

②点击蒸馏水,点击移取,移取约 45.00 mL 蒸馏水;

③点击冲刷,点击冷凝管,沿冷凝管上端用蒸馏水冲刷冷凝管;(提示问题:少量多次。)

④重复③步骤 2 次,每次用蒸馏水约 15.00 mL;

⑤点击水浴冷却,将锥形瓶内液体温度降至室温;

⑥点击移出,将锥形瓶从冷凝管下端取下;

3. 硫酸亚铁铵返滴定过程

(1)点击指示剂,点击滴加,在锥形瓶中滴加 3 滴邻菲啰啉指示剂。(思考问题:指示剂的作用?)

(2)点击酸式滴定管,点击注液,将硫酸亚铁铵标准溶液缓慢注入酸式滴定管至刻度“0”以上。(讨论问题:酸式滴定管需要用待装溶液洗涤吗? 为什么?)

(3)点击排气,点击旋塞,开启旋塞,使溶液急速下流排出滴定管下端气泡。(思考问题:碱式滴定管的排气方法?)

(4)点击调节“初始刻度”,通过旋塞调节液面在 0.00 mL 处。(讨论问题:初始刻度一定在刻度“0”吗?)

(5)点击读数,显示器显示 0.00 mL。(提示问题:读数时,滴定管应保持垂直,视线应与管内液体凹面的最低处保持水平。)(讨论问题:视线偏高或偏低会对结果有怎样的影响?)

(6)点击滴定,展示快速滴、中速滴和慢速滴三个过程。

(7)点击快速滴,展示快速滴过程(滴定开始时,注意不能形成水线)。

(8)点击中速滴,展示中速滴过程(注意滴落点处溶液颜色的变化)。

(9)点击慢速滴,展示慢速滴过程(临近终点前,以半滴或 1/4 滴进行滴定)。

(10)点击滴定结束,溶液颜色由黄色变为红褐色,达到滴定终点,进行读数。

(11)点击记录,记录硫酸亚铁铵标准溶液的消耗体积 V_1。

4. 空白试验

重复上述相同的步骤,以 10.00 mL 蒸馏水代替水样进行空白试验,记录空白滴定时消耗硫酸亚铁铵标准溶液的体积 V_0。

5. 实验收尾

(1)选择滴定后的装水样的锥形瓶,点击倾倒废液,将废液倒入废液杯;

(2)选择滴定后的装蒸馏水的锥形瓶,点击倾倒废液,将废液倒入废液杯,完成实验。

五、数据记录与处理(见表 4.1)

表 4.1 水样中化学需氧量的测定

记录项目		1	2	3
样品测定	水样体积/mL			
	硫酸亚铁铵标准溶液体积初读数/mL			
	硫酸亚铁铵标准溶液体积终读数/mL			
	$V_{硫酸亚铁铵}$/mL			
空白实验	蒸馏水体积/mL			
	硫酸亚铁铵标准溶液体积初读数/mL			
	硫酸亚铁铵标准溶液体积终读数/mL			
	$V_{硫酸亚铁铵}$/mL			
水样中化学需氧量/$mg \cdot L^{-1}$				
水样中化学需氧量(平均值)/$mg \cdot L^{-1}$				

根据表 4.1 实验测得的消耗的硫酸亚铁铵标准溶液的体积,求出待测水样的化学需氧量,并计算出平均值,填入表 4.1 中。完成实验内容及数据处理,得出实验结论。

六、思考题

(1)为什么要加入硫酸汞?

(2)什么是基准试剂?

实验二 傅里叶变换红外吸收光谱法对苯甲酸的定性测定

一、实验目的

(1)了解红外光与待测样品作用产生的信号在样品结构中的作用。

(2)熟悉傅里叶变换红外吸收光谱仪的结构组成及工作原理。

(3)掌握傅里叶变换红外吸收光谱仪的参数设置和操作流程。

(4)掌握溴化钾压片法制备待测固体样品晶片。

(5)能够解析待测样品的红外吸收光谱图,推测未知样品的分子结构。

二、实验原理

傅里叶变换红外光谱(Fourier Transform infrared spectroscopy)具有高检测灵敏度、高测量精度、高分辨率以及测量速度快、波段宽等特点,现已广泛地应用于环境、化学、物理、石油化工、材料科学、生物医药等领域。

傅里叶变换红外吸收光谱法对苯甲酸的定性测定虚拟仿真实验从学习者的一般实验能力和认知过程出发,针对其设备昂贵、精密,难以规模化教学等矛盾设计开发,旨在展示和实践傅里叶变换红外吸收光谱仪的工作原理、功能和一般应用,为真实实验和相关技术的学习、应用、创新打下基础。

本实验原理为:采用傅里叶变换的数学处理,将红外光谱法和计算机技术相结合,进行待测样品结构及其含量的分析方法。具体地说,当待测样品放在干涉仪光路中,用连续变化频率的红外光照射样品时,样品分子中某个基团的振动频率和外界红外辐射的频率一致,且分子的偶极矩发生了改变,则会吸收该频率的红外光波能量,产生吸收扰动,使所得的干涉图强度曲线产生变化,通过傅里叶变换技术,可将干涉图上每个频率转变为相应的光强,从而得到整个红外吸收光谱图。它具有鲜明的特征性,其谱峰的数目、位置、形状和强度随待测样品的种类、结构不同而不同,根据光谱图的特征吸收峰,可测定样品化合物中的官能团、分子结构、区别同分异构体、分析样品的纯度等。

三、主要试剂及仪器

1. 试剂

溴化钾(光谱纯)、苯甲酸(分析纯)、超纯水、无水乙醇、变色硅胶等。

2. 仪器

电子分析天平、压片机、红外光谱仪设备、药勺、称量纸、干燥器、玛瑙研钵、镊子、吸耳球、玻璃棒、压片模具、样品托等。

四、实验步骤

1. 实验器材、试剂的认知及选取

(1)通过弹窗设计,对实验涉及的仪器设备、器材、试剂进行认知,使学生进一步了解傅里叶变换红外光谱仪、压片机、电子分析天平以及溴化钾、苯甲酸的性质。

(2)根据实验需要到试剂器材室选取必需的实验试剂和实验器材,选择试剂和器材时需移动至其权限许可的范围内才能进行操作。(弹窗提示"请认真预习本实验,并根据实验需要选择必需的器材与试剂,少拿、多拿、错拿系统均会扣分"。)

2. 溴化钾、苯甲酸晶片的制备

(1)在样品制备室,使用电子分析天平,称量适量的溴化钾(0.199 0~0.201 0)g置于玛瑙研钵中。(弹窗提示"称量前要先调平天平,在托盘上放称量纸并去皮,之后使用药勺逐次逼近添加药品用量按照绝对称量法称量;过量的药品不允许放回药瓶,需置入专门的固体废弃物仓中;使用后的称量纸也需废弃处理。")(讨论为什么天平称量前需调平?废弃物该如何处理。)

(2)使用研杵在玛瑙研钵中同一方向研磨溴化钾药品,直至无肉眼可见颗粒物。(弹窗提示"同向研磨,适时抖动,无颗粒物"。)(讨论为什么药品研磨时需要同一方向研磨。)

(3)将研磨好的溴化钾粉末移入压片模具中,注意模具各部件的安装次序,确保光滑面与试样接触并小心排气。

(4)将装有溴化钾试样的模具放在压片机工作区中心位置,使用压力丝杠轻轻顶压模具,拧紧放油阀门螺母,往复抬压操作杆升高压片机工作压力约为14 MPa,保持约3 min,缓慢拧松放油阀门泄压并旋转升高丝杠,小心取下模具。(弹窗提示"压片机工作活塞上升高度切勿超出其1/2,以免发生危险"。)

(5) 将模具倒置放在实验台面上,小心取下模具底座,用镊子取出溴化钾晶片并放入其专用的自封袋中。(成功压制的溴化钾晶片应光洁、透明。)

(6)先使用电子分析天平,称量适量的溴化钾 0.199 0~0.201 0 g 置于玛瑙研钵中,再称量适量的苯甲酸0.001 5~0.002 5 g置于玛瑙研钵中。

(7)使用研杵在玛瑙研钵中同一方向研磨溴化钾、苯甲酸混合物,直至无肉眼可见颗粒物。

(8)将研磨好的溴化钾、苯甲酸混合物粉末移入压片模具中,注意模具各部件的安装次序,确保光滑面与试样接触并小心排气。

(9)将装有溴化钾试样的模具放在压片机工作区中心位置,使用压力丝杠轻轻顶压模具,拧紧放油阀门螺母,往复抬压操作杆升高压片机工作压力约为14 MPa,保持约3 min,缓慢拧松放油阀门泄压并旋转升高丝杠,小心取下模具。

(10)将模具倒置放在实验台面上,小心取下模具底座,用镊子取出苯甲酸试样晶片并放入其专用的自封袋中。

(11)待测样品已完成制备,请前往光谱分析实验室进行光谱测定。

3. 苯甲酸红外吸收光谱测定

（1）点击红外光谱仪，弹出光谱仪拆解视图，对其迈克尔逊光学干涉检测系统进行拆解和装配，学习傅里叶变化红外光谱仪的光学部件如光源、光栅、聚焦透镜、分束镜、反射定镜、反射动镜和检测器的功能。（讨论傅里叶变化红外光谱仪如何测定样品的红外吸收光谱。）

（2）打开红外光谱仪样品室，检查确保样品室中无挡光物。关闭样品室盖，打开光谱仪电源。开启计算机，打开光谱仪工作站，完成光谱仪自检及初态调整。

（3）打开光谱仪样品室盖，取出样品托，随即关闭样品室盖。用镊子小心从自封袋中取出纯溴化钾晶片，将其固定于样品托卡槽中，然后打开样品室盖，放置样品托于样品室定位槽中，关闭样品室盖。

（4）进入光谱仪工作站，鼠标单击“采集”–“采集背景”–“确定”，光谱仪扫描并保存溴化钾红外吸收光谱背景。

（5）打开样品室盖，取出样品托，关闭样品室盖，将样品托中的纯溴化钾晶片取下并放回自封袋中。

（6）用镊子小心从自封袋中取出苯甲酸晶片，将其固定于样品托卡槽中，打开样品室盖，放置样品托于样品室定位槽中，关闭样品室盖。

（7）打开光谱仪工作站，鼠标单击“采集”–“采集样品”–“确定”，扫描并保存苯甲酸红外吸收光谱。

（8）依次单击工具栏“%Trans”–“Find Pks”图标，光谱工作站自动标记样品光谱吸收峰波数。

（9）打开样品室盖，取出样品托，关闭样品室盖，将样品托中的苯甲酸晶片取下并放回自封袋中，将样品托放回样品室的定位槽中，完成样品测定。

（10）测样结束后，先在光谱工作站中结束联机，再关闭光谱仪并整理好实验台。

4. 苯甲酸红外吸收光谱解析

（1）测样结束后，点击光谱工作站工具栏中的数据处理，绘制出苯甲酸红外吸收光谱图。

（2）根据已知的苯甲酸官能团的基本振动形式及其基频峰的频率，采用对标比较的方法，确定苯甲酸的红外吸收峰归属，推测并验证苯甲酸的分子结构，完成光谱解析。

五、数据记录与处理

（1）填写实验基础信息，如实验地点、实验日期、实验人员、实验仪器、环境温湿度及待测样品。

（2）以溴化钾晶片作为试样参比，采用傅里叶变换红外光谱仪测定苯甲酸的红外吸收光谱数据，并绘制其红外吸收光谱谱图记录在表 4.2 中。

表 4.2　苯甲酸红外吸收光谱曲线及其特征峰归属表

实验地点			实验日期	
实验人员				
待测样品				
实验环境	温度		湿度	

(续表)

实验地点		实验日期	
苯甲酸红外吸收光谱曲线			
苯甲酸红外吸收光谱特征峰			
原子基团的基本振动形式	基频峰的频率/cm^{-1}		
$\nu_{=C-H}$(Ar 上)	3 077,3 012		
$\nu_{C=C}$(Ar 上)	1 600,1 582,1 495,1 450		
$\delta_{C=H}$(Ar 上邻接五氢)	715,690		
ν_{O-H}(形成氢键二聚体)	2 500~3 000(多重峰)		
δ_{O-H}	935		
$\nu_{C=O}$	1 400		
δ_{C-O-H}(面内弯曲振动)	1 250		

根据表 4.2 实验测得的苯甲酸红外吸收光谱图和苯甲酸红外吸收光谱特征峰数据,采用对标比较的方法确定苯甲酸红外吸收光谱中各吸收峰的归属,解析并验证苯甲酸的分子结构。

六、思考题

(1)为什么药品研磨时需要沿同一方向研磨?

(2)为什么天平称量前需调平?废弃物该如何处理?

实验三　船舶尾气处理

一、实验目的

（1）了解国际海事组织对船舶尾气污染防治的相关规定。

（2）掌握船舶尾气脱硫的反应原理、工艺流程、反应器设计选型原则。

（3）培养并提高学生的理论联系工程实际及工程实践能力。

二、实验原理

船舶尾气中主要的污染物主要包括颗粒物（PM）、硫氧化物（SO_x）、氮氧化物（NO_x）。根据《国际防止船舶造成污染公约》、我国船舶与港口污染防治专项行动实施方案及船舶发动机排气污染物排放限制的要求，须对船舶尾气进行除尘、脱硝、脱硫达标处理。

各类污染物的处理方法：采用电晕放电技术尾气除尘，利用该技术可达到90%以上的除尘效率；在350 ℃条件下，采用钒基催化剂，使用尿素作为还原剂，利用选择性催化还原技术脱硝，可达到90%~95%的脱硝效率，主要反应为

$$6NO + 4NH_3 = 5N_2 + 6H_2O$$

$$6NO_2 + 8NH_3 = 7N_2 + 12H_2O$$

副反应为

$$4NH_3 + 3O_2 = 2N_2 + 6H_2O$$

$$4NH_3 + 5O_2 = 4NO + 6H_2O$$

采用氧化镁为脱硫剂，采用镁基-海水法脱硫，具有90%以上的脱硫效率，主要反应为

$$SO_2(g) + H_2O \longrightarrow H_2SO_3$$

$$Mg(OH)_2 + SO_2 \longrightarrow MgSO_3 + H_2O$$

$$MgSO_3 + SO_2 + H_2O \longrightarrow Mg(HSO_3)_2$$

$$2Mg(HSO_3)_2 + O_2 + 12H_2O \longrightarrow 2MgSO_3 \cdot 7H_2O + 2SO_2$$

$$2MgSO_3 + O_2 \longrightarrow 2MgSO_4$$

三、主要实验仪器设备及材料

1. 主要实验仪器设备

船舶尾气处理虚拟仿真实验主要包括静电除尘器、脱硝反应器、脱硫反应器。

（1）静电除尘器（含虚拟设备）

静电除尘器的主要工作原理是：在静电除尘器的收尘极和电晕极之间通入高压直流电，利用其产生高强电场，使穿过该区域的粉尘荷电、气体电离。此时，带有正、负电离子的粉尘就会分别向收尘极和电晕极移动，并吸附、沉积在相应的极板上。最后，利用极板振动装置，将极板上的积灰振落到集灰斗中，完成烟气除尘处理。

(2)脱硝反应器(含虚拟设备)

脱硝反应器的主要作用是将尾气中的氮氧化物(NO_x,包括 NO 和 NO_2 等),转化为氮气(N_2)和水蒸气(H_2O)等无害气体(如图 4.1 所示)。

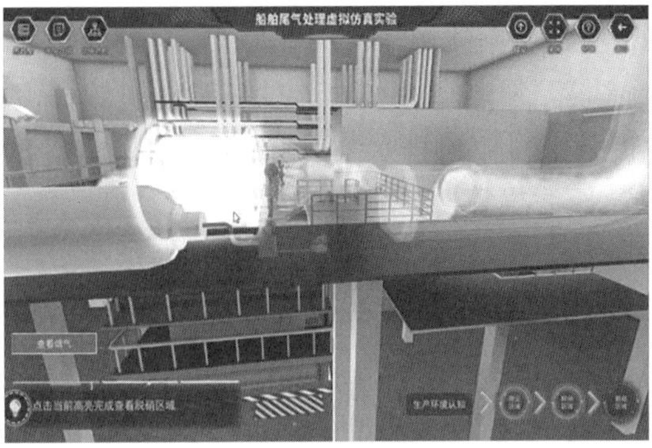

图 4.1 脱硝反应器(仿真图)

采用干法烟气脱硝技术-选择性催化还原法(SCR),还原剂为尿素水溶液。在脱硝反应器中发生的主要反应为

$$6NO + 4NH_3 \xlongequal{} 5N_2 + 6H_2O$$

$$6NO_2 + 8NH_3 \xlongequal{} 7N_2 + 12H_2O$$

副反应主要为

$$4NH_3 + 3O_2 \xlongequal{} 2N_2 + 6H_2O$$

$$4NH_3 + 5O_2 \xlongequal{} 4NO + 6H_2O$$

在脱硝反应器尾端,安装有气体检测装置,检测脱硝后尾气中氮氧化物、二氧化碳等气体的浓度。

(3)脱硫反应器(含虚拟设备)

在脱硫塔中,安装多层喷嘴,每层的喷嘴按照一定规则进行排布,洗涤水通过喷嘴,对船舶尾气进行喷淋洗涤,除去尾气中的二氧化硫(如图 4.2 所示)。在脱硫塔中发生的主要反应为

$$SO_2(g) + H_2O \longrightarrow SO_2(aq)$$

$$Mg(OH)_2 + SO_2 \longrightarrow MgSO_3 + H_2O$$

$$MgSO_3 + SO_2 + H_2O \longrightarrow Mg(HSO_3)_2$$

图 4.2 脱硫反应器(仿真图)

按照进气形式，可以分成 I 形塔和 U 形塔。

在脱硫塔顶部，安装有气体检测装置，用于检测脱硫后尾气中硫氧化物，二氧化碳等气体的浓度。

2. 主要实验仪器设备（或预设参数等）

实验仪器设备：静电除尘器、加热套、脱硝反应器、催化剂、输送泵、电动调节阀、空气混合器、喷淋系统、废水泵、泥浆泵、浆料泵、排水泵、循环泵、脱硫塔、曝气风机、曝气罐、固液分离机、浆料罐、控制室、循环罐、压滤机等。

参数设定：

（1）脱硝反应器：在脱硝反应器尾端，安装有气体检测装置，检测脱硝后尾气中氮氧化物、二氧化碳等气体的浓度。

（2）催化剂：主要采用钒基催化剂，反应温度大于等于 350 ℃。

（3）喷淋系统：喷淋系统安装在脱硝反应器内，喷淋管上安装雾化喷头，保证尿素水溶液与尾气的接触效果。

（4）脱硫塔：在脱硫塔顶部，安装有气体检测装置，检测脱硫后尾气中硫氧化物、二氧化碳等气体的浓度。

（5）控制室：脱硫系统的电气控制柜、气体分析仪、废水检测仪等都放置在控制室中，实现脱硫设备运行控制、运行参数监测、数据记录等方面的功能。

四、实验步骤

1. 理论知识学习

（1）船舶尾气处理理论知识

基础预备知识学习模块的实验过程，虚拟仿真平台通过知识分解等方式，提供了人机交互的创新性操作模式。学生可根据平台的提示，在教学模式的基础预备知识模块完成基础知识的学习，通过掌握船舶尾气处理各模块的理论知识要点，具备分析各参数对结果的影响以及模拟应用的能力（如图 4.3 所示）。

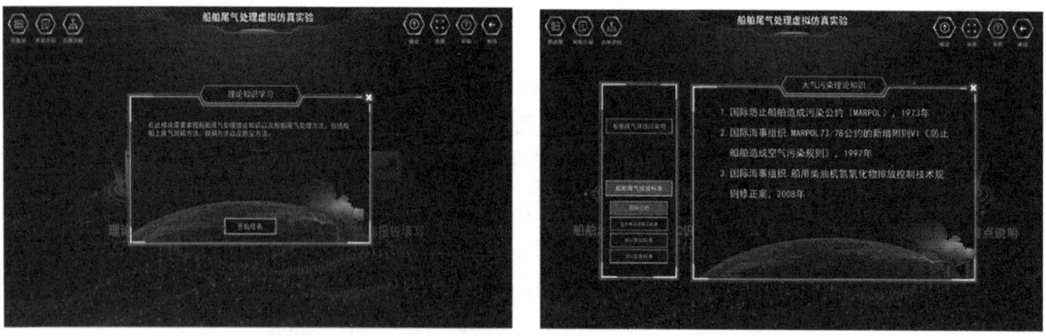

图 4.3　船舶尾气处理理论知识

实验操作过程如下：

①进入大气污染理论知识学习，通过详尽的理论知识介绍增强学生对船舶尾气排放污染物种类、危害、排放标准的整体认知。

②分别点击"船舶尾气排放污染物""船舶尾气排放标准"模块,准确直观地掌握理解各类船舶尾气排放污染物的污染特性和处理要求。

(2)船舶尾气处理方法

该模块通过动画演示除尘、脱硫、脱硝的方法,并介绍静电除尘技术、选择性催化还原(SCR)脱硝技术、镁基-海水法脱硫技术的使用原理、技术特性及应用范围,使学生从整体上掌握船舶尾气处理的重要基础知识。

实验操作过程如下:

①进入大气污染处理方法进行学习,切换模块了解不同大气污染治理方法的技术原理、分类及典型工艺等知识点(如图4.4所示)。

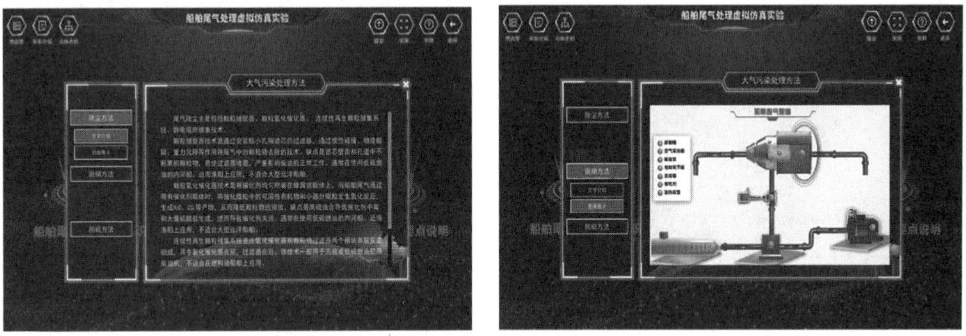

图4.4 大气污染处理方法

②进入本实验所用技术要点说明进行学习,切换模块深入学习静电除尘技术、选择性催化还原(SCR)脱硝技术、镁基-海水法脱硫技术的使用原理、技术特性及应用范围,使学生从整体上掌握船舶尾气处理的重要基础知识。

2. 现场实习训练

(1)生产安全学习

该模块开放了典型船舶尾气处理系统的全任务仿真实习,支持虚实融合、研究型实验教学模式,使学生能够独立开展研究、主动实践,通过反馈的测试结果帮助学生理解船舶尾气系统知识要点(如图4.5所示)。

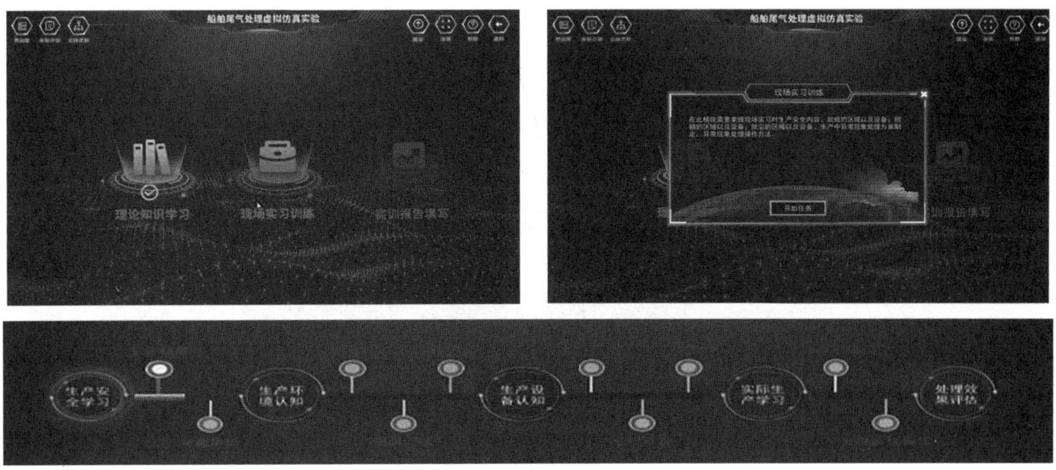

图4.5 生产安全学习训练

实验操作过程如下：

①返回项目界面，选择现场实习训练模块，进入3D实习准备室学习船舶尾气处理安全规章制度，并完成考核题目（如图4.6所示）。

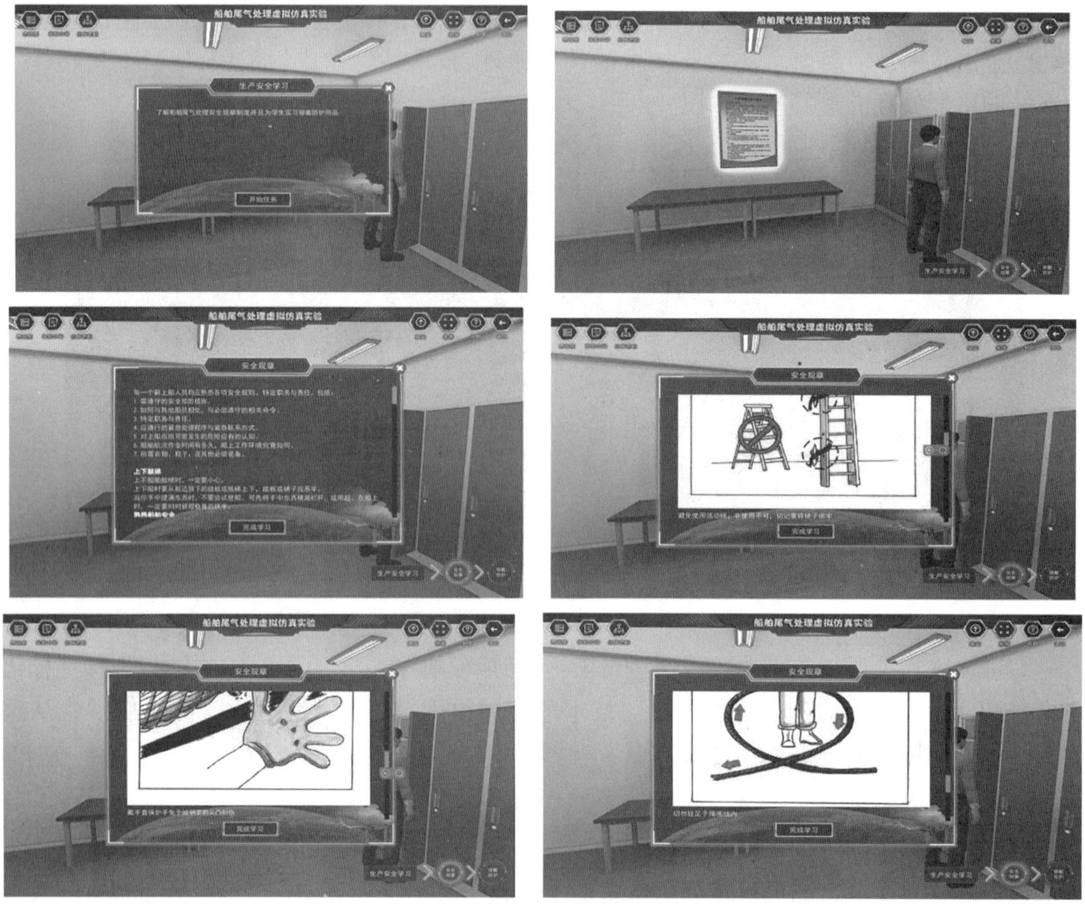

图4.6　现场实习训练考核

②点击衣柜门，调节视角，点击衣柜中的穿戴并做好安全防护，练习船舶尾气处理生产安全的防护穿戴（如图4.7所示）。

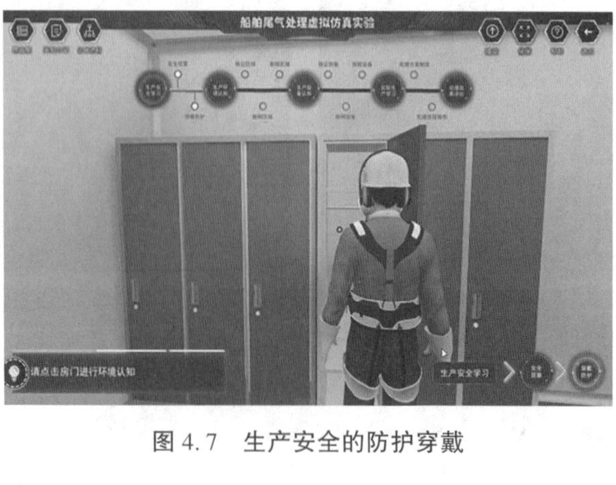

图4.7　生产安全的防护穿戴

(2)生产环境认知

该模块从“脱硫区域”“脱硝区域”“除尘区域”三个方面对应船舶中尾气脱硫区域、脱硝区域以及除尘区域,使学生了解船舶尾气处理的概貌。

实验操作过程如下:

①进入生产环境认知模块,界面依次介绍船舶中尾气脱硫区域、脱硝区域以及除尘区域的位置,对整个船舶尾气处理系统形成全面印象(如图 4.8 所示)。

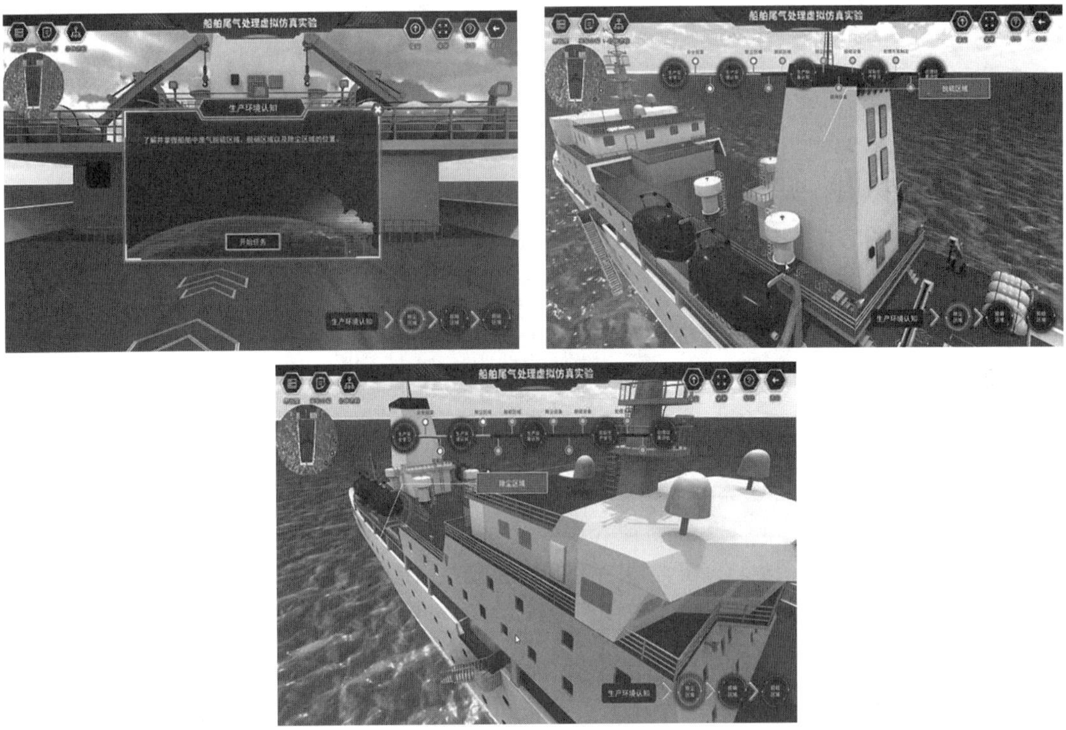

图 4.8 生产环境认知模块

②操作 ASWD 按键和用鼠标切换视角,依据仿真场景细致观察脱硝区域和除尘区域,并巩固所学理论知识,完成考核题目(如图 4.9 所示)。

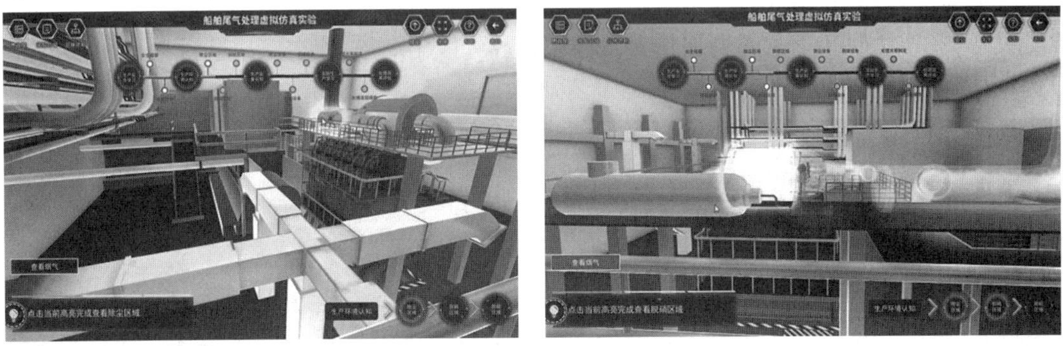

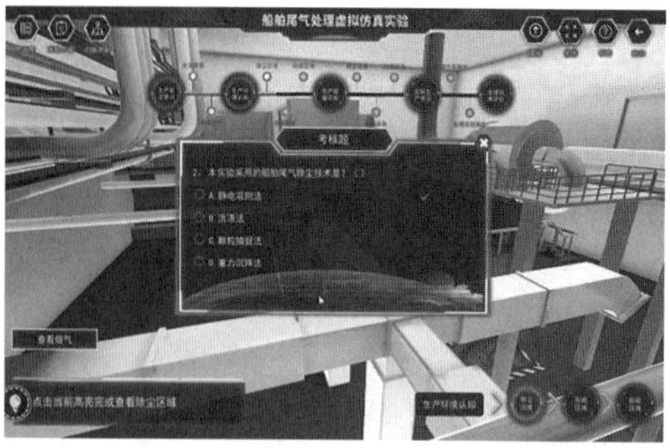

图 4.9　脱硝区域和除尘区域

③操作 ASWD 按键和用鼠标切换视角，依据仿真场景细致观察脱硫区域，并巩固所学理论知识，完成考核题目（如图 4.10 所示）。

图 4.10　船舶尾气脱硫技术考核

（3）生产设备认知

该模块开放了船舶尾气典型除尘设备、脱硝设备以及脱硫设备仿真训练，支持虚实融合，认知、识记、考核三位一体的教学模式，使学生能够独立开展设备认知实习、自主实践，通过反馈的测试结果帮助学生了解静电除尘、脱硝、脱硫工艺的关键设备，帮助学生理解船舶尾气处理系统的知识要点（如图 4.11 所示）。

实验操作过程如下：

①返回项目界面，确认后开启脱硝设备和除尘设备认知任务，点击静电除尘器，了解静电除尘设备，SCR 法脱硝工艺的电加热套、脱硝反应器、催化剂等，依次完成题目考核和工艺组装任务，巩固学习静电除尘和 SCR 法脱硝工艺知识要点。

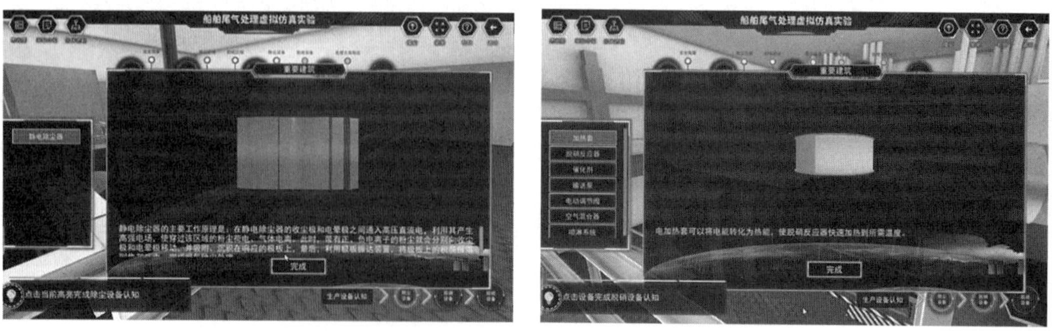

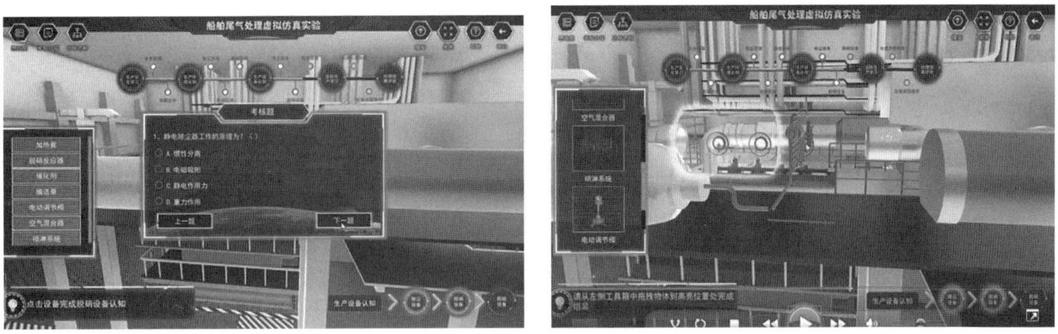

图 4.11　生产设备认知及考核

②进入海水法脱硫工艺的认知界面，到达观察位置后，依次点击脱硫塔、浆料泵、排水泵等设备，了解各设备的工作原理与功能，依次完成题目考核和工艺组装任务，巩固学习海水法脱硫工艺知识要点（如图 4.12 所示）。

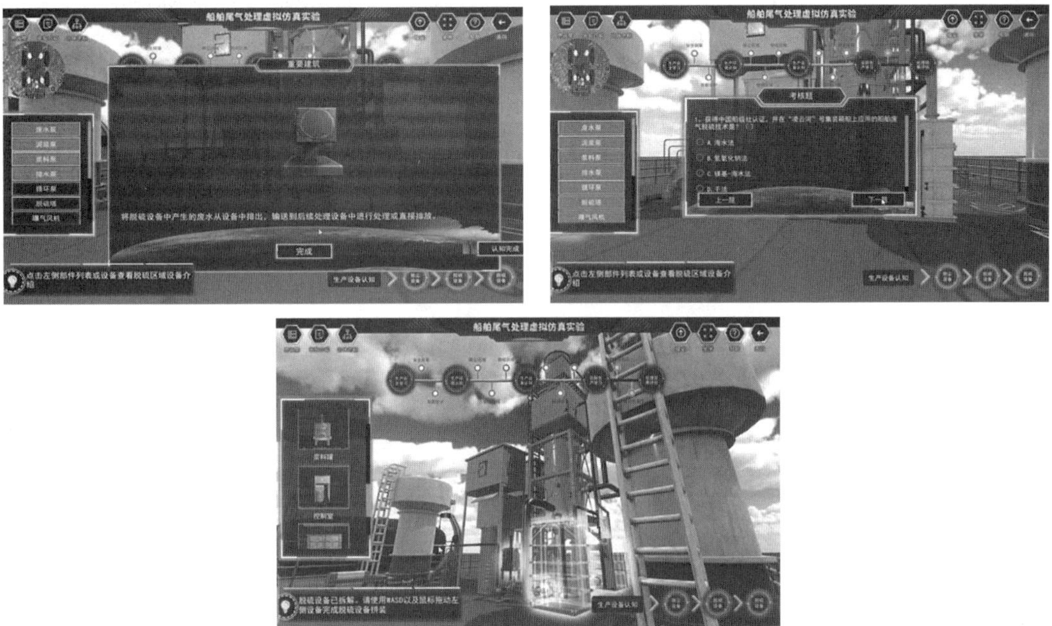

图 4.12　设备的工作原理及考核

（4）实际生产学习

该模块开放了船舶尾气处理系统的全任务仿真训练，支持虚实融合、自主操作、研究型实验教学模式，使学生能够独立开展研究，自主操作、主动实践，通过反馈的测试结果帮助学生理解船舶尾气处理系统的知识要点，了解并掌握船舶尾气异常现象处理方案制定以及异常现象处理操作流程。

实验操作过程如下：

①返回项目界面，选择实际生产学习模块，进入 3D 船舱驾驶室操控运行船舶尾气处理系统（如图 4.13 所示）。

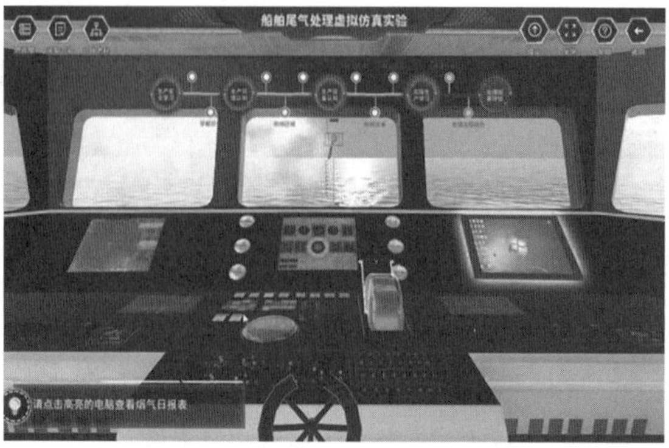

图 4.13　船舶尾气处理系统

②用鼠标点击计算机查看烟气日报表，制定烟气处理方案（如图 4.14 所示）。

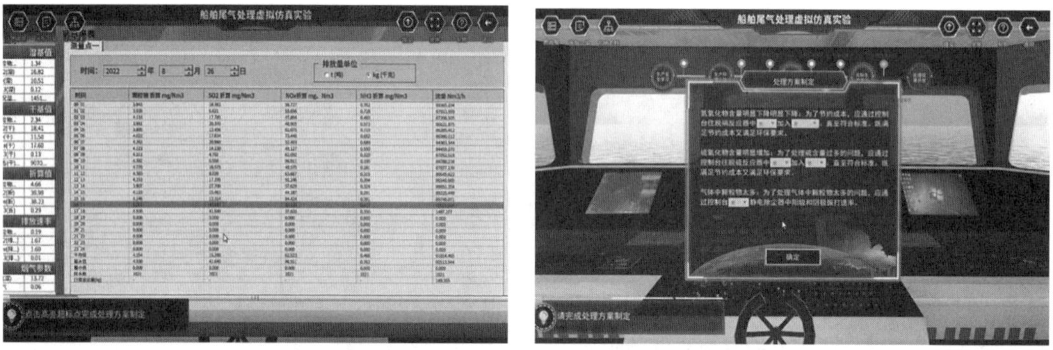

图 4.14　烟气日报表及烟气处理方案

③控制 AWSD 键和鼠标，调整 3D 动画界面前往静电除尘器进行处理流程操作，点击静电除尘器设备完成该设备监控图查看，点击超标点完成对该设备的控制，点击静电除尘器的电极片完成参数设置，点击计算机查看正确除尘设备参数，点击提交按钮完成除尘操作（如图 4.15 所示）。

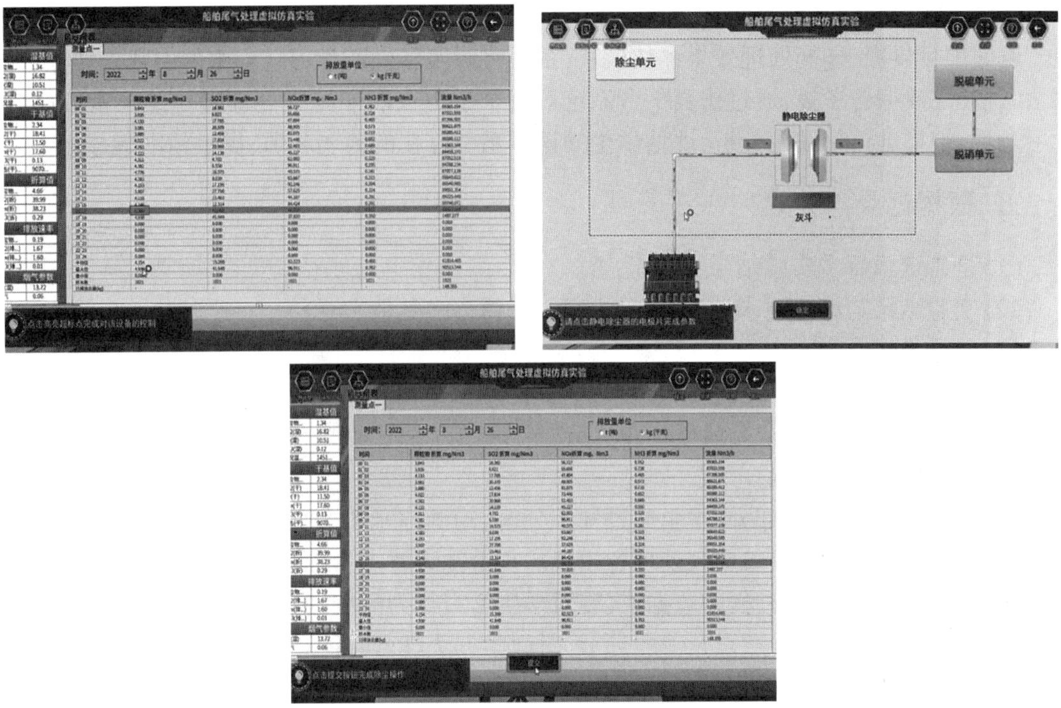

图 4.15　静电除尘器处理流程操作

④控制 AWSD 键和鼠标，调整 3D 动画界面前往脱硝反应器前进行处理流程操作，点击脱硝设备完成该设备监控图查看，点击高亮超标点完成对该设备的控制，点击电极加热装置和电动调节阀完成脱硝参数设置，点击计算机查看正确脱硝设备参数，点击提交按钮完成脱硝操作（如图 4.16 所示）。

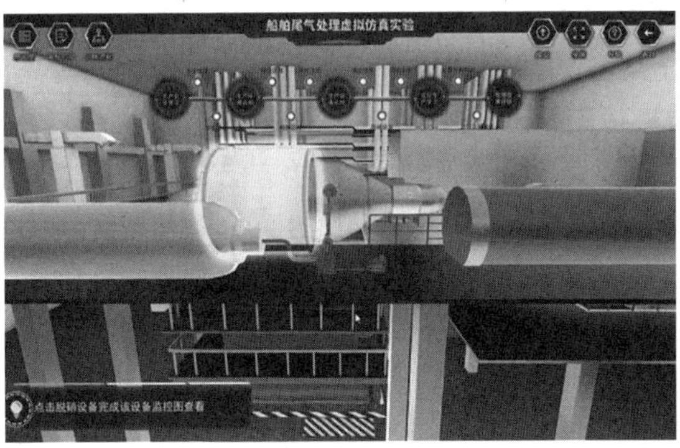

图 4.16　脱硝操作

⑤控制 AWSD 键和鼠标，调整 3D 动画界面前往脱硫反应器前进行处理流程操作，点击高亮处查看脱硫区域，点击脱硫反应器完成脱硫操作，点击高亮超标点完成对该设备的控制，点击阀门完成脱硫处理和脱硫设备参数设置，点击提交按钮完成脱硫操作。

（5）处理效果评估

该模块通过创新应用“互联网+”环境下工程教育教学方法，除获得学习成绩反馈外，充分利用信息技术优势，通过仿真平台实现对学生学习行为的精细化分析，准确把握学生学习难点以及薄弱环节，提供有针对性的指导，并对教学方法进行持续改进。

实验操作过程如下:

返回项目界面,选择处理效果评估模块,系统将对实际生产学习过程中的实践操作做综合评估考核,完成综合考核,通过仿真平台系统对每个学生在船舶尾气处理操作结果审核后,对学习过程、结果进行精细化分析,评估学生知识体系中存在的薄弱环节,提供精准指导。

五、数据记录与处理

(1)是否记录每步实验结果:☑是□否。

(2)实验结果与结论要求:☑实验报告□心得体会□其他。

(3)其他描述:

船舶尾气处理虚拟仿真实验结合“生产实习”本科生专业基础必修课程开展教学,虚拟实验过程中学生根据实验要求分阶段逐步进行。

①基础知识学习及理论考核

在该模块的理论学习部分,学生通过知识分解、动画演示等方式,以及人机交互的创新性操作模式,能够熟练掌握船舶尾气处理各模块的理论知识要点,并通过线上理论考试。

通过平台精细化教学过程的数据,实现对学生学习行为的精细化分析,掌握学生学习成绩分布,准确把握学生学习难点以及薄弱环节,对教学方法进行有针对性的持续改进。

②典型尾气处理系统学习

在典型尾气处理系统学习部分,为学生开放典型尾气处理系统的全任务仿真训练。通过仿真平台对仿真实验教学过程进行深度质量监控,对包括学习时长、参与程度等实验过程质量考核指标的精确分析,并结合理论考核中每个学生的学习效果、考核成绩分布,进行有针对性的引导。

③综合实验考核

综合实验考核逼真地模拟了船舶尾气处理中遇到的颗粒物、硫氧化物、氮氧化物超标等情况,为学生提供开放式、全任务的沉浸式情景训练模式,锻炼学生对尾气超标处理的综合应用能力,通过反馈的测试结果帮助学生理解相关知识要点。

通过创新应用“互联网+”环境下工程教育教学方法,在实验过程中,虚拟仿真平台将受训学生的操作规范性、实验步骤准确性、学生参与程度等训练要素作为实验过程质量考核的指标,判断实验对象每步操作是否正确合理、关键步骤是否遗漏,让学生不断改正、完善操作技能,培养学生的数字化思维,提高学生自我教育、独立思考的能力。

附录 分析化学实验常用表

附录 1 国际相对原子质量($^{12}C=12$)

元素			原子序数	相对原子质量	元素			原子序数	相对原子质量
符号	名称	英文名			符号	名称	英文名		
H	氢	Hydrogen	1	1.00794(7)	K	钾	Potassium	19	39.098 3(1)
He	氦	Helium	2	4.002 602(2)	Ca	钙	Calcium	20	40.078(4)
Li	锂	Lithium	3	6.941(2)	Sc	钪	Scandium	21	44.955 912(6)
Be	铍	Beryllium	4	9.012 182(3)	Ti	钛	Titanium	22	47.867(1)
B	硼	Boron	5	10.811(7)	V	钒	Vanadium	23	50.941 5(1)
C	碳	Carbon	6	12.010 7(8)	Cr	铬	Chromium	24	51.996 1(6)
N	氮	Nitrogen	7	14.006 7(2)	Mn	锰	Manganese	25	54.938 045(5)
O	氧	Oxygen	8	15.999 4(3)	Fe	铁	Iron	26	55.845(2)
F	氟	Fluorine	9	18.998 403 2(5)	Co	钴	Cobalt	27	58.933 195(5)
Ne	氖	Neon	10	20.179 7(6)	Ni	镍	Nickel	28	58.693 4(2)
Na	钠	Sodium	11	22.989 769 28(2)	Cu	铜	Copper	29	63.546(3)
Mg	镁	Magnesium	12	24.305 0(6)	Zn	锌	Zinc	30	65.409(4)
Al	铝	Aluminum	13	26.981 538 6(8)	Ga	镓	Gallium	31	69.723(1)
Si	硅	Silicon	14	28.085 5(3)	Ge	锗	Germanium	32	72.64(1)
P	磷	Phosphorus	15	30.973 762(2)	As	砷	Arsenic	33	74.921 60(2)
S	硫	Sulphur	16	32.065(5)	Se	硒	Selenium	34	78.96(3)
Cl	氯	Chlorine	17	35.453(2)	Br	溴	Bromine	35	79.904(1)
Ar	氩	Argon	18	39.948(1)	Kr	氪	Krypton	36	83.798(2)

（续表）

元素			原子序数	相对原子质量	元素			原子序数	相对原子质量
符号	名称	英文名			符号	名称	英文名		
Rb	铷	Rubidium	37	85.467 8(3)	Pm	钷	Promethium	61	[145]
Sr	锶	Strontium	38	87.62(1)	Sm	钐	Samarium	62	150.36(2)
Y	钇	Yttrium	39	88.905 85(2)	Eu	铕	Europium	63	151.964(1)
Zr	锆	Zirconium	40	91.224(2)	Gd	钆	Gadolinium	64	157.25(3)
Nb	铌	Niobium	41	92.906 38(2)	Th	铽	Terbium	65	158.925 35(2)
Mo	钼	Molybdenum	42	95.94(2)	Dy	镝	Dysprosium	66	162.500(1)
Tc	锝	Technetium	43	[98]	Ho	钬	Holmium	67	164.930 32(2)
Ru	钌	Ruthenium	44	101.07(2)	Er	铒	Erbium	68	167.259(3)
Rh	铑	Rhodium	45	102.905 50(2)	Tm	铥	Thulium	69	168.934 21(2)
Pd	钯	Palladium	46	106.42(1)	Yb	镱	Ytterbium	70	173.04(3)
Ag	银	Silver	47	107.868 2(2)	Lu	镥	Lutetium	71	174.967(1)
Cd	镉	Cadmium	48	112.411(8)	Hf	铪	Hafnium	72	178.49(2)
In	铟	Indium	49	114.818(3)	Ta	钽	Tantalum	73	180.947 88(2)
Sn	锡	Tin	50	118.710(7)	W	钨	Tungsten	74	183.84(1)
Sb	锑	Antimony	51	121.760(1)	Re	铼	Rhenium	75	186.207(1)
Te	碲	Tellurium	52	127.60(3)	Os	锇	Osmium	76	190.23(3)
I	碘	Iodine	53	126.904 47(3)	Ir	铱	Iridium	77	192.217(3)
Xe	氙	Xenon	54	131.293(6)	Pt	铂	Platinum	78	195.084(9)
Cs	铯	Caesium	55	132.905 451 9(2)	Au	金	Gold	79	196.966 569(4)
Ba	钡	Barium	56	137.327(7)	Hg	汞	Mercury	80	200.59(2)
La	镧	Lanthanum	57	138.905 47(7)	Tl	铊	Thallium	81	204.383 3(2)
Ce	铈	Cerium	58	140.116(1)	Pb	铅	Lead	82	207.2(1)
Pr	镨	Praseodymium	59	140.907 65(2)	Bi	铋	Bismuth	83	208.980 40(1)
Nd	钕	Neodymium	60	144.242(3)	Po	钋	Polonium	84	[209]

（续表）

元素			原子序数	相对原子质量	元素			原子序数	相对原子质量
符号	名称	英文名			符号	名称	英文名		
At	砹	Astatine	85	[210]	No	锘	Nobelium	102	[259]
Rn	氡	Radon	86	[222]	Lr	铹	Lawrencium	103	[262]
Fr	钫	Francium	87	[223]	Rf		Rutherfordium	104	[267]
Ra	镭	Radium	88	[226]	Db		Dubnium	105	[268]
Ac	锕	Actinium	89	[227]	Sg		Seaborgium	106	[271]
Th	钍	Thorium	90	232.038 06(2)	Bh		Bohrium	107	[272]
Pa	镤	Protactinium	91	231.035 88(2)	Hs		Hassium	108	[270]
U	铀	Uranium	92	238.028 91(3)	Mt		Meitnerium	109	[276]
Np	镎	Neptunium	93	[237]	Ds		Darmstadtium	110	[281]
Pu	钚	Plutonium	94	[244]	Rg		Roentgenium	111	[280]
Am	镅	Americium	95	[243]	Uub		Ununbium	112	[285]
Cm	锔	Curium	96	[247]	Uut		Ununtrium	113	[284]
Bk	锫	Berkelium	97	[247]	Uuq		Ununquadium	114	[289]
Cf	锎	Californium	98	[251]	Uup		Ununpentium	115	[288]
Es	锿	Einsteinium	99	[252]	Uuh		Ununhexium	116	[293]
Fm	镄	Fermium	100	[257]	Uuo		Ununoctium	118	[294]
Md	钔	Mendelevium	101	[258]					

注：录自 2005 年国际原子量表（IUPAC Commission of Atomic Weights and Isotopic Abundances. Atomic Weights of the Elements 2005. Pure Appl. Chem, 2006,78:2051-2066）。（ ）表示最后一位的不确定性，[ ]中的数值为没有稳定同位素元素的半衰期最长同位素的质量数。

附录 2 常用化合物的相对分子质量

化学式	相对分子质量	化学式	相对分子质量
AgBr	187.77	KOH	56.106
AgCl	143.32	K_2PtCl_6	486.00
AgI	234.77	KSCN	97.182

（续表）

$AgNO_3$	169.87	$MgCO_3$	84.314
Al_2O_3	101.96	$MgCl_2$	95.211
As_2O_3	197.84	$MgSO_4 \cdot 7H_2O$	246.48
$BaCl_2 \cdot 2H_2O$	244.26	$MgNH_4PO_4 \cdot 6H_2O$	245.41
BaO	153.33	MgO	40.304
$Ba(OH)_2 \cdot 8H_2O$	315.47	$Mg(OH)_2$	58.320
$BaSO_4$	233.39	$Mg_2P_2O_7$	222.55
$CaCO_3$	100.09	$Na_2B_4O_7 \cdot 10H_2O$	381.37
CaO	56.077	$NaBr$	102.89
$Ca(OH)_2$	74.093	$NaCl$	58.489
CO_2	44.010	Na_2CO_3	105.99
CuO	79.545	$NaHCO_3$	84.007
Cu_2O	143.09	$Na_2HPO_4 \cdot 12H_2O$	358.14
$CuSO_4 \cdot 5H_2O$	249.69	$NaNO_2$	69.000
FeO	71.844	Na_2O	61.979
Fe_2O_3	159.69	$NaOH$	39.997
$FeSO_4 \cdot 7H_2O$	278.02	$Na_2S_2O_3$	158.11
$FeSO_4 \cdot (NH_4)_2SO_4 \cdot 6H_2O$	392.14	$Na_2S_2O_3 \cdot 5H_2O$	248.19
H_3BO_3	61.833	NH_3	17.031
HCl	36.461	NH_4Cl	53.491
$HClO_4$	100.46	NH_4OH	35.046
HNO_3	63.013	$(NH_4)_3PO_4 \cdot 12MoO_3$	1876.4
H_2O	18.015	$(NH_4)_2SO_4$	132.14
H_2O_2	34.015	$PbCrO_4$	323.19
H_3PO_4	97.995	PbO_2	239.20
H_2SO_4	98.080	$PbSO_4$	303.26
I_2	253.81	P_2O_3	141.94
$KAl(SO_4)_2 \cdot 12H_2O$	474.39	SiO_2	60.085
KBr	119.00	SO_2	64.065
$KBrO_3$	167.00	SO_3	80.064
KCl	74.551	ZnO	81.408
$KClO_4$	138.55	CH_3COOH	60.052

（续表）

K_2CO_3	138.21	$H_2C_2O_4 \cdot 2H_2O$	126.07
K_2CrO_4	194.19	$KHC_4H_4O_6$(酒石酸氢钾)	188.18
K_2CrO_7	294.19	$KHC_8H_4O_4$(邻苯二甲酸氢钾)	204.22
KH_2PO_4	136.09	$K(SbO)C_4H_4O_6 \cdot \frac{1}{2}H_2O$ (酒石酸锑钾)	333.93
$KHSO_4$	136.17		
KI	166.00	$Na_2C_2O_4$(草酸钠)	134.00
KIO_3	214.00	$NaC_7H_5O_2$(苯甲酸钠)	144.11
$KIO_3 \cdot HIO_3$	389.91	$Na_3C_6H_5O_7 \cdot 2H_2O$(枸橼酸钠)	294.12
$KMnO_4$	158.03	$Na_2H_2C_{10}H_{12}O_8N_2 \cdot 2H_2O$ (EDTA 二钠二水合物)	372.24
KNO_2	85.100		

注：据 2005 年公布的相对原子质量计算。

附录 3　不同温度时纯水的密度

温度/℃	d_t^T/(g/mL)	温度/℃	d_t^T/(g/mL)	温度/℃	d_t^T/(g/mL)	温度/℃	d_t^T/(g/mL)
5	0.998 53	12	0.998 24	19	0.997 33	25	0.996 12
6	0.998 53	13	0.998 15	20	0.997 15	26	0.995 88
7	0.998 52	14	0.998 04	21	0.996 95	27	0.995 66
8	0.998 49	15	0.997 92	22	0.996 76	28	0.995 39
9	0.998 45	16	0.997 78	23	0.996 55	29	0.995 12
10	0.998 39	17	0.997 64	24	0.996 34	30	0.994 85
11	0.998 33	18	0.997 49				

注：d_t^T 指温度为 t ℃的 1 mL 纯水在空气中用黄铜砝码称得的质量。

附录4 常用酸碱相对密度与浓度

试剂名称	相对密度	浓度/%	浓度/(mol/L)
氨水	0.88~0.90	25.0~28.0	12.9~14.8
乙酸	1.04	36.0~37.0	6.2~6.4
冰乙酸	1.05	99.8(GR),999.5(AR),999.0(CP)	17.4
氢氟酸	1.13	40.0	22.5
盐酸	1.18~1.19	36.0~38.0	11.6~12.4
硝酸	1.39~1.40	65.0~68.0	14.4~15.2
高氯酸	1.68	70.0~72.0	11.7~12.0
磷酸	1.69	85.0	14.6
硫酸	1.83~1.84	95.0~98.0	17.8~18.4

附录5 常用基准物及其干燥条件

基准物质		干燥条件	标定对象
名称	化学式		
硝酸银	$AgNO_3$	280~290 ℃干燥至恒重	卤化物、硫氰酸盐
三氧化二砷	As_2O_3	室温干燥器中保存	I_2
碳酸钙	$CaCO_3$	110~120 ℃保持 2 h，干燥器中冷却	EDTA
草酸	$H_2C_2O_4 \cdot 2H_2O$	室温空气干燥	$KMnO_4$
邻苯二甲酸氢钾	$KHC_8H_4O_4$	110~120 ℃干燥至恒重，干燥器中冷却	NaOH、$HClO_4$
碘酸钾	KIO_3	120~140 ℃保持 2 h，干燥器中冷却	$Na_2S_2O_3$
重铬酸伸	$K_2Cr_2O_7$	140~150 ℃保持 3~4 h，干燥器中冷却	$FeSO_4$、$Na_2S_2O_3$
氯化钠	NaCl	500~600 ℃保持 50 min，干燥器中冷却	$AgNO_3$
硼砂	$Na_2B_4O_7 \cdot 10H_2O$	含 NaCl-蔗糖饱和溶液的干燥器中保存	HCl、H_2SO_4
碳酸钠	Na_2CO_3	270~300 ℃保持 50 min，干燥器中冷却	HCl、H_2SO_4
草酸钠	$Na_2C_2O_4$	130 ℃保持 2 h，干燥器中冷却	$KMnO_4$
锌	Zn	室温干燥器中保存	EDTA
氧化锌	ZnO	900~1 000 ℃保持 50 min，干燥器中冷却	EDTA

附录6 常用酸碱指示剂

指示剂	变色范围 pH	颜色		pK_{HIn}	指示剂组成		用量
		酸色	碱色		浓度/%	溶剂	(滴/10 mL)
百里酚蓝	1.2~2.8	红	黄	1.65	0.1	20%乙醇溶液	1~2
甲基黄	2.9~4.0	橙	黄	3.25	0.1	90%乙醇溶液	1
甲基橙	3.1~4.4	红	黄	3.45	0.05	水溶液	1
溴酚蓝	3.0~4.6	黄	紫	4.10	0.1	20%乙醇或其钠盐水溶液	1
溴甲酚绿	3.8~5.4	黄	蓝	4.90	0.1	20%乙醇溶液	1
甲基红	4.4~6.2	红	黄	5.10	0.1	60%乙醇或其钠盐水溶液	1
溴百里酚蓝	6.2~7.6	黄	蓝	7.30	0.1	20%乙醇或其钠盐水溶液	1
中性红	6.8~8.0	红	黄橙	7.40	0.1	60%乙醇溶液	1
酚红	6.7~8.4	黄	红	8.00	0.1	60%乙醇或其钠盐水溶液	1
百里酚蓝	8.0~9.6	黄	蓝	8.90	0.1	20%乙醇溶液	1~4
酚酞	8.0~10.0	无	红	9.10	0.5	90%乙醇溶液	1~3
百里酚酞	9.4~10.6	无	蓝	10.00	0.1	90%乙醇溶液	1~2

附录7 常用混合酸碱指示剂

指示剂组成	比例	变色时 pH	颜色		变色范围 pH
			酸色	碱色	
0.1%甲基黄乙醇溶液-0.1%次甲基蓝乙醇溶液	1∶1	3.25	蓝紫	绿	3.2~3.4
0.1%溴甲酚绿钠盐水溶液-0.2%甲基橙水溶液	1∶1	4.3	橙	蓝绿	3.5~4.3
0.2%甲基红乙醇溶液-0.1%亚甲基蓝乙醇溶液	1∶1	5.4	红紫	绿	5.2~5.6
0.1%溴甲酚紫钠盐水溶液-0.1%溴百里酚蓝钠盐水溶液	1∶1	6.7	黄	紫蓝	6.2~6.8
0.1%中性红乙醇溶液-0.1%次甲基蓝乙醇溶液	1∶1	7.0	蓝紫	绿	6.9~7.1
0.1%中性红乙醇溶液-0.1%溴百里酚蓝乙醇溶液	1∶1	7.2	玫瑰	绿	7.0~7.4
0.1%溴百里酚蓝钠盐水溶液-0.1%酚红钠盐水溶液	1∶1	7.5	黄	紫	7.2~7.6
0.1%甲酚红钠盐水溶液-0.1%百里酚蓝钠盐水溶液	1∶3	8.3	黄	紫	8.2~8.4
0.1%酚酞乙醇溶液-0.1%甲基绿乙醇溶液	1∶1	8.9	绿	紫	8.8~9.0
0.1%百里酚蓝50%乙醇溶液-0.1%酚酞50%乙醇溶液	1∶3	9.0	黄	紫	8.9~9.1
0.1%酚酞乙醇溶液-0.1%百里酚酞乙醇溶液	1∶1	9.9	无	紫	9.6~10.0

附录8 常用标准缓冲溶液 pH

温度/℃	邻苯二甲酸盐	磷酸盐	硼酸盐
5	4.01	6.95	9.39
10	4.00	6.92	9.33
15	4.00	6.90	9.27
20	4.01	6.88	9.22
25	4.01	6.86	9.18
30	4.02	6.85	9.14
35	4.03	6.84	9.10
40	4.04	6.84	9.07
45	4.05	6.83	9.04
50	4.06	6.83	9.01
55	4.08	6.84	8.99
60	4.10	6.84	8.96

附录9 常用酸碱试剂的密度、体积百分含量和近似浓度

名称	化学式	密度/($g\cdot cm^{-3}$)	体积百分含量/%	近似浓度/($mol\cdot L^{-1}$)
盐酸	HCl	1.18~1.19	36~38	12
硝酸	HNO_3	1.40~1.42	67~72	15~16
硫酸	H_2SO_4	1.83~1.84	95~98	18
磷酸	H_3PO_4	1.69	不小于85	15
高氯酸	$HClO_4$	1.68	70~72	12
冰乙酸	CH_3COOH	1.05	不小于99	17
甲酸	$HCOOH$	1.22	不小于88	23
氢氟酸	HF	1.15	不小于40	23
氢溴酸	HBr	1.38	不小于40	6.8
氨水	$NH_3\cdot H_2O$	0.90	25~28(NH_3)	14

附录 10 常用干燥剂

名称	分子式	酸碱性	干燥速度	吸水能力	再生方式
氧化钙	CaO	碱性	慢	—	不可再生
氧化钡	BaO	碱性	慢	—	
五氧化二磷	P_2O_5	酸性	快	大	
(熔融后)氢氧化钾	KOH	碱性	较快	大	
(熔融后)氢氧化钠	NaOH	碱性	较快	大	
(熔融后)氯化钙	$CaCl_2$	碱性	快	大	200 ℃烘干
(活性)氧化铝	Al_2O_3	中性	快	大	110~300 ℃烘干
硫酸钙	$CaSO_4$	中性	快	小	163 ℃下脱水
硫酸钠	Na_2SO_4	中性	慢	大	烘干
硫酸镁	$MgSO_4$	中性或微酸	较快	大	200 ℃烘干
硫酸铜	$CuSO_4$	微酸	—	大	150 ℃烘干
分子筛	略	酸性	较快	大	烘干
硅胶	SiO_2	酸性	快	大	120 ℃烘干

附录 11 常用有机溶剂的物理特性与毒性

名称	沸点/℃	溶解性	毒性
石油醚		不溶于水,与酮、醚、酯、苯、三氯甲烷混溶	与低级烷相似
乙醚	34.6	微溶于水,易溶于盐酸。与醇、醚、苯等混溶	麻醉性
丙酮	56.12	与水、醇、醚、烃混溶	低毒,但刺激性较大
三氯甲烷	61.15	与乙醇、乙醚、石油醚、四氯化碳等混溶	中等毒性,强麻醉性

(续表)

名称	沸点/℃	溶解性	毒性
甲醇	64.5	与水、乙醚、醇、酯、卤代烃、苯、酮混溶	中等毒性,麻醉性
四氯化碳	76.75	与醇、醚、石油醚、冰醋酸、氯代烃混溶	氯代甲烷中毒性最强
乙酸乙酯	77.112	与醇、醚、三氯甲烷、丙酮、苯等混溶	低毒,麻醉性
乙醇	78.3	与水、乙醚、三氯甲烷、酯、烃类衍生物等混溶	微毒,麻醉性
苯	80.1	与醇、三氯甲烷、乙醚、甲苯、冰醋酸等混溶	强烈毒性
环己烷	80.72	与乙醇、高级醇、醚、丙酮、烃、胺类混溶	低毒,中枢抑制作用
戊烷	36.1	与乙醇、乙醚等多数有机溶剂混溶	低毒性
乙腈	81.6	与水、甲醇、酯、丙酮、醚、三氯甲烷混溶	中等毒性
异丙醇	82.4	与乙醇、乙醚、三氯甲烷、水混溶	微毒,类似乙醇
三乙胺	89.6	与水混溶,微溶。溶于三氯甲烷、丙酮、醇、醚	易爆,对皮肤黏膜刺激性强
甲苯	110.63	与醇、三氯甲烷、丙酮、醚、冰醋酸、苯等混溶	低毒,麻醉作用
乙二胺	117.26	溶于水、乙醇、苯和乙醚,微溶于庚烷	刺激皮肤、眼睛
乙酸	118.1	与水、乙醇、乙醚、四氧化碳混溶	低毒,浓溶液毒性强
甘油	290	与水、乙醇混溶,不溶于乙醚、三氯甲烷、苯	食用对人体无毒
二硫化碳	46.23	微溶于水,与多种有机溶剂混溶	麻醉性,强刺激性
四氢呋喃	66	与水混溶,溶解乙醇、乙醚、脂肪烃,芳香烃	吸入微毒,经口低毒
三氟乙酸	71.78	与水乙醇、乙醚、丙酮苯、四氯化碳、己烷混溶,溶解多种脂肪族、芳香族	
二氯乙烷	57.28	与醇、醚等大多数有机溶剂混溶	低毒、局部刺激性
二氯甲烷	39.75	与醇、醚、三氯甲烷、苯、二硫化碳等混溶	低毒,麻醉性强
硝基甲烷	101.2	与醇、醚、四氯化碳、DMF 等混溶	麻醉性,刺激性
吡啶	115.3	与水、醇、醚、石油醚、苯、油类混溶	低毒,对皮肤黏膜具有刺激性
苯酚	181.2	溶于乙醇、醚、酸、甘油、三氯甲烷、二硫化碳和苯	高毒,对皮肤黏膜有毒

附录 12　国产滤纸的型号与性质

	分类与标志	型号	灰分/(mg/张)	孔径/μm	过滤物晶形	适应过滤的沉淀	相对应的砂芯坩埚号
定量	快速黑色或白色纸带	201	<0.10	80~120	胶状沉淀物	$Fe(OH)_3$ $Al(OH)_3$ H_2SiO_3	G1 G2 可抽滤 稀胶体
	中速蓝色纸带	202	<0.10	30~50	一般结晶形沉淀	SiO_2 $MgNH_4PO_4$ $ZnCO_3$	G3 可抽滤粗晶形沉淀
	慢速红色或橙色纸带	203	0.10	1~3	较细结晶形沉淀	$BaSO_4$ CaC_2O_4 $PbSO_4$	G4 G5 可抽滤细晶形沉淀
定性	快速黑色或白色纸带	101		>80	无机物沉淀的过滤分离及有机物重结晶的过滤		—
	中速蓝色纸带	102		>50			
	慢速红色或橙色纸带	103		>3			

附录 13　常用定容玻璃仪器允差

1. 常用容量瓶的容量允差(20 ℃)

标示容量/mL		5	10	25	50	100	200	250	500	1 000
容量允差/mL(±)	A	0.02	0.02	0.03	0.05	0.10	0.15	0.15	0.25	0.40
	B	0.04	0.04	0.06	0.10	0.20	0.30	0.30	0.50	0.80

2. 常用移液管的容量允差(20 ℃)

标示容量/mL		2	5	10	20	25	50	100
容量允差/mL(±)	A	0.010	0.015	0.020	0.030	0.030	0.050	0.080
	B	0.020	0.030	0.040	0.060	0.060	0.100	0.160

附录 14　pH 基准试剂

试剂名称	规定浓度/（mol/kg）	标准 pH（25 ℃）	
		一级 pH 基准试剂	pH 基准试剂
四草酸钠	0.05	1.680±0.005	1.68±0.01
酒石酸氢钾	饱和	3.559±0.005	3.56±0.01
邻苯二甲酸氢钾	0.05	4.003±0.005	4.00±0.01
磷酸氢二钠	0.025	6.864±0.005	6.86±0.01
磷酸二氢钾	0.025		
四硼酸钠	0.01	9.182±0.005	9.18±0.01
氢氧化钙	饱和	12.460±0.005	12.46±0.01

附录 15　滴定分析中常用的工作基准试剂

试剂名称	主要用途	使用前干燥方法	国家标准编号
氯化钠	标定 $AgNO_3$ 溶液	(550±50)℃灼烧至恒重	GB 1253—2007
草酸钠	标定 $KMnO_4$ 溶液	(105±5)℃干燥至恒重	GB 1254—2007
无水碳酸钠	标定 HCl、H_2SO_4 溶液	270~300 ℃干燥至恒重	GB 1255—2007
三氧化二砷	标定 I_2 溶液	H_2SO_4 干燥器中干燥至恒重	GB 1256—2008
邻苯二甲酸氢钾	标定 NaOH、$HClO_4$ 溶液	105~110 ℃干燥至恒重	GB 1257—2007
碘酸钾	标定 $Na_2S_2O_3$ 溶液	(180±2)℃干燥至恒重	GB 1258—2008
重铬酸钾	标定 $Na_2S_2O_3$、$FeSO_4$ 溶液	(120±2)℃干燥至恒重	GB 1259—2007
氧化锌	标定 EDTA 溶液	800 ℃灼烧至恒重	GB 1260—2008
乙二胺四乙酸二钠	标定金属离子溶液	$Mg(NO_3)_2$ 饱和溶液恒湿器放置 7 天	GB 12593—2007
溴酸钾	标定 $Na_2S_2O_3$ 溶液	(180±2)℃干燥至恒重	GB 12594—2008
硝酸银	标定卤化物溶液	H_2SO_4 干燥器中干燥至恒重	GB 12595—2008
碳酸钙	标定 EDTA 溶液	(110±2)℃干燥至恒重	GB 12596—2008

参考文献

[1]陈焕光,李焕然,张大经,等. 分析化学实验. 2 版. 广州:中山大学出版社,1998.

[2] 北京大学化学与分子工程学院分析化学教学组. 基础分析化学实验. 3 版 . 北京:北京大学出版社,2017.

[3] 邵超英,刘栋良,刘慧青. 分析化学实验. 上海:东华大学出版社,2018.

[4] 严拯宇,杜迎翔. 分析化学实验与指导. 3 版. 北京:中国医药科技出版社,2015.

[5] 张小玲,张慧敏,邵清龙. 化学分析实验. 北京:北京理工大学出版社,2007.

[6] 王冬梅. 分析化学实验. 武汉:华中科技大学出版社,2007.

[7] 黄杉生. 分析化学实验. 北京:科学出版社,2008.

[8] 张学军. 分析化学实验教程. 北京:中国环境科学出版社,2009.

[9] 王亦军,李月云,张浴晖. 分析化学实验. 北京:化学工业出版社,2009.

[10] 孙英. 分析化学实验. 北京:中国农业大学出版社,2010.

[11] 王术皓. 分析化学实验. 3 版. 青岛:中国海洋大学出版社,2020.

[12] 马全红,邱凤仙. 分析化学实验. 2 版. 南京:南京大学出版社,2015.

[13] 靳素荣,王志花. 分析化学实验. 武汉:武汉理工大学出版社,2009.

[14] 常薇. 分析化学实验. 西安:西安交通大学出版社,2009.

[15] 周方钦. 分析化学实验. 湘潭:湘潭大学出版社,2010.

[16] 蔡明招,刘建宇. 分析化学实验. 2 版. 北京:化学工业出版社,2010.

[17] 蔡蒨. 分析化学实验. 上海:上海交通大学出版社,2010.

[18] 李慎新,陈百利,路璐. 分析化学实验. 2 版. 北京:化学工业出版社,2022.

[19] 张荣泉. 分析化学实验. 北京:科学出版社,2012.

[20] 周明达. 现代分析化学实验. 2 版. 长沙:中南大学出版社,2014.

[21] 马全红, 吴莹. 分析化学实验. 3 版. 南京:南京大学出版社,2020.